気候変動への「適応」を考える

不確実な未来への備え

肱岡 靖明 著

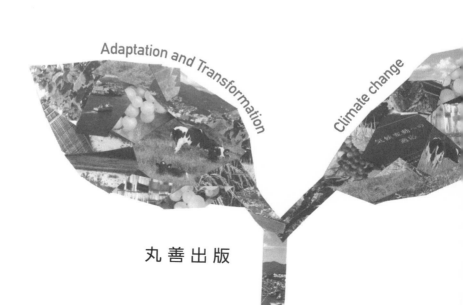

Adaptation and Transformation

Climate change

丸善出版

まえがき

　2015 年のパリ協定以降、気候変動対策に向けた動きが加速しています。アメリカのパリ協定復帰も期待される中、日本は温室効果ガス排出量を 2050 年までに実質ゼロとする目標を宣言しました。さらに、2015 年に気候変動適応計画を策定し、2018 年には気候変動適応法を施行するなど、気候変動がもたらす影響への対策（適応）に、国をあげて取り組み始めています。

　しかしながら、「温室効果ガスの排出量削減」という明確な目標がある気候変動緩和策とは異なり、広範囲かつ様々な利害関係者におよぶ気候変動影響に対する対策（気候変動適応策）は、地域・分野・業界によって取り組むべき内容が大きく異なります。気候変動と気候変動がもたらす影響は長期にわたり、その予測には不確実性が伴うことから、気候変動適応への取組みの重要性は認識されつつあるものの、適応策の実践は遅々として進まないのが実状です。

　本書は、記録的な猛暑や、これまで経験したことのない豪雨に毎年のように見舞われる昨今、気候変動適応の推進は国や地方の施策のみならず、私たち一人ひとりの問題であると考え、気候変動適応の定義やその取組み方、想定される課題の理解を目的とした初学者向けの書籍です。また、気候変動がもたらすプラスの影響を利用した適応事例も紹介し、SDGs を踏まえた明るい将来像を目指すために必要な適応のあり方についても記載しています。1 章「気候変動とは」から 3 章「気候変動適応法と国の適応計画」までは気候変動適応の背景や定義を説明し、4 章「適応計画作成に向けた準備」と 5 章「地域適応計画」では、地方公共団体の気候変動適応策に携わる担当者を対象として、適応計画の立案と適応策の実践に関わる考え方と手順を概説しました。6 章「個人でできる適応」では個人や地域コミュニティの役割と適応策の事例を、7 章「事業者の適応」では事業者の役割と適応策の事例を紹介しました。8 章「これからの適応」では、これから目指すべき社会について最新の知見を整理しました。

　2014 年 3 月、IPCC 第 2 作業部会のメンバーとして第 5 次評価報告書を完成させた際、これから気候変動適応の研究に注力していこうと考えたのが記憶に新しいのですが、その 4 年後に世界でも類を見ない「気候変動適応法」が日本で施行されるとは想像もしていませんでした。2016 年上旬、ずっと考えていた科学的知見を蓄積して世に伝えるための気候変動適応情報プラットフォームの開発に着手

し、通勤途中に自転車を漕ぎながら思いついた「A-PLAT」という呼び名が広く
知られるようになり、気候変動適応法の検討や気候変動適応センターの立ち上げ
に奮闘した 2017 ～ 2018 年も今は昔、海外のプラットフォーマーズとの交流や、
「AP-PLAT」の立ち上げ、地域気候変動適応センターとの協働を通じて、日本で
気候変動適応を推進するためには適応入門書が今必要だと痛感し本書の執筆を決
意しました。

　本書を執筆するにあたり、丸善出版株式会社の村田レナ氏と堀内洋平氏には企
画の段階から大変親身にアドバイスをいただきました。また、イラストレーター
の斉藤綾一氏には、こちらの様々な要望に丁寧に対応いただきました。本書作成
にあたり、福村佳美氏、渡邊学氏、天沼絵理氏には全面的にご協力いただき、大
変お世話になりました。本書を執筆するにあたり多大なご助力をいただいた方々
に心より御礼申し上げます。

2020 年 12 月

肱岡　靖明

目　　次

第1章　**気候変動とは**　1

　1.1　気候はこんなに変化している　1

　1.2　気候変動の原因は？　4

　1.3　影響はすでに表れている　6

　1.4　緩和と適応　10

　1.5　リスクの考え方　13

　1.6　将来はどうなるの？　21

第2章　**適応の基本的な考え方**　25

　2.1　適応とは　25

　　2.1.1　適応の定義　25

　　2.1.2　適応の必要性の把握　32

　　2.1.3　適応の諸課題　36

　2.2　適応策の選択と種類　39

　　2.2.1　リスクに応じた適応策の選択　39

　　2.2.2　適応策の種類　40

　　2.2.3　社会の中での適応　50

第3章　**気候変動適応法と国の適応計画**　53

　3.1　気候変動適応法ができるまで　53

　3.2　気候変動適応法　55

　3.3　国の取組み　59

　3.4　適応の推進　63

　3.5　地域気候変動適応センター・情報プラットフォームの事例　66

　　3.5.1　世界の地域気候変動適応センター　66

　　3.5.2　気候変動適応情報プラットフォーム　67

第4章　適応計画作成に向けた準備　71

4.1　課題の把握と目標の設定　71

4.2　気候変動影響の把握　72

4.3　気候変動影響の評価　76

4.3.1　影響評価手法　76

4.3.2　強じん性の把握とその強化　83

4.3.3　気候変動が好機となるか？　84

4.4　適応策の選択　86

4.4.1　実装する適応策の検討　86

4.4.2　選択の基準　87

4.4.3　短期・中長期を見越した選択と評価　89

4.5　不確実性の把握　92

4.6　適応策を考える際の意思決定プロセス　95

4.7　適応への取組み事例　100

第5章　地域適応計画——学びながら繰り返す長い旅　105

5.1　主役は地方公共団体　105

5.2　計画の枠組みの構築　108

5.2.1　既存の枠組みを活用しよう！　108

5.2.2　適応の担当者は誰？　推進と意思決定　110

5.2.3　ステークホルダーを把握する　112

5.2.4　地域適応計画の策定に向けた合意形成　113

5.3　適応策の決定　114

5.3.1　既存施策を考慮した地域適応計画の立案　114

5.3.2　地域適応計画を策定する際には、適応策をどのように評価するのか？　115

5.3.3　計画策定に向けた調整と決定　118

5.3.4　ステークホルダーを巻き込む　120

5.4　計画の立案 122

　　5.4.1　決定事項をまとめる 122

　　5.4.2　計画の範囲——所轄と計画の期間 123

　　5.4.3　草案の作成 125

　　5.4.4　計画案の共有 129

　　5.4.5　計画の発行と保管 130

5.5　計画の実行に向けて 130

　　5.5.1　適応の実装 130

　　5.5.2　適応策の実施 131

5.6　モニタリングと評価 132

　　5.6.1　モニタリングと評価が必要な理由 132

　　5.6.2　指標の考え方 134

5.7　コミュニケーション 135

5.8　地域適応計画の事例 137

第6章　個人でできる適応　145

6.1　地域／個人でできる適応 145

6.2　日本における適応策の事例 147

6.3　海外における適応の事例 150

第7章　事業者の適応　153

7.1　事業者としての適応 153

7.2　BCP と TCFD 156

7.3　適応事例：ビジネスチャンス 158

7.4　適応事例：リスクマネジメント 165

第 8 章　これからの適応 169

8.1　世界での適応の流れ　169
8.2　社会変動と気候変動　181
8.3　トランスフォーメーション　185

参考文献 191
索　引 197

第1章

気候変動とは

1.1 気候はこんなに変化している

☀ 上昇が止まらない世界平均気温

　2019 年は、7 月に埼玉県熊谷市が観測史上最高気温の 41.1℃を記録したのをはじめ、日本各地で 130 地点が観測史上最も高い気温を記録しました。世界気象機関（World Meteorological Organization：WMO）によれば、2019 年は世界の年平均気温が観測史上 2 番目に高かった年でもありました。現在、世界の年平均気温が最も高いのは、非常に強いエルニーニョ現象の影響を受けた 2016 年です。長期的に観測された世界の気温変化は上昇傾向にあり、特に 1990 年代半ば以降は高気温となる年が多くなっています（図1-1）。

　温暖化による気温の変化傾向は、人間活動により空気中の温室効果ガス

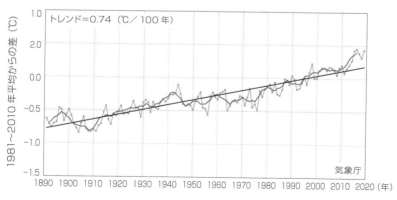

図 1-1　世界の年平均気温偏差の経年変化（1891 〜 2019 年）（気象庁）

（Greenhouse Gas：GHG）の濃度が高くなった産業革命以前を基準として測ることが一般的です。気温はもともと上がったり下がったりしながら変化しています。これは、大気や海洋といった地球システムの循環による気候の自然なゆらぎによるものです。しかし、現在の気温の上昇は人間活動によるものである、ということが科学的に証明されています。国連気候変動に関する政府間パネル（Intergovernmental Panel on Climate Change：IPCC）が 2018 年に発行した 1.5℃特別報告書「1.5℃の地球温暖化：気候変動の脅威への世界的な対応の強化、持続可能な開発及び貧困撲滅への努力の文脈における、工業化以前の水準から 1.5℃の地球温暖化による影響及び関連する地球全体での温室効果ガス（GHG）排出経路に関する IPCC 特別報告書」では、人間活動により世界の平均気温が産業革命前より約 1.0℃上昇していると述べています。

☀ 日本の気候も変化している

　世界のみならず日本の気温も上昇傾向にあります。全国の年平均気温は 1980 年頃から急速に上昇し、特に 1990 年代以降になると、極端に高温を記録する年が増えています（**図 1-2**）。2018 年は、全国各地で最高気温が更新されました（**表 1-1**）。歴代 10 位の記録のうち、5 つの記録が 2018 年に観測されたものとなっています。また、降水量にも変化が見られます

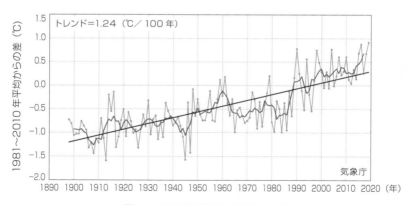

図 1-2　日本の年平均気温偏差（気象庁）

表1-1　気象庁 日最高気温（全国歴代 10 位まで）

順位	都道府県	地点	観測地	
			℃	起日
1	埼玉県	熊谷＊	41.1	2018年7月23日
2	岐阜県	美濃	41.0	2018年8月 8日
2	岐阜県	金山	41.0	2018年8月 6日
2	高知県	江川崎	41.0	2013年8月12日
5	岐阜県	多治見	40.9	2007年8月16日
6	新潟県	中条	40.8	2018年8月23日
6	東京都	青梅	40.8	2018年7月23日
6	山形県	山形＊	40.8	1933年7月25日
9	山梨県	甲府＊	40.7	2013年8月10日
10	新潟県	寺泊	40.6	2019年8月15日
10	和歌山県	かつらぎ	40.6	1994年8月 8日
10	静岡県	天竜	40.6	1994年8月 4日

　観測所には、気象台や気象台と同様の観測装置を使う測候所、気象観測所、特別地域気象観測所（以下「気象台等」と呼ぶ）とアメダスの2種類があります。＊印の地点は気象台等です。

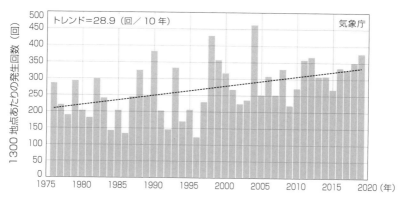

図1-3　全国 [アメダス] 1 時間降水量 50 mm 以上の年間発生回数の経年変化（1976 〜 2019 年）
※棒グラフは各年の年間発生回数を示す（全国のアメダスによる観測値を 1300 地点あたりに換算した値）。破線は長期変化傾向（この期間の平均的な変化傾向）を示す。
※これらの変化には地球温暖化の影響の可能性はあるが、アメダスの観測期間は約 40 年と比較的短いことから、地球温暖化との関連性をより確実に評価するためには今後のさらなるデータの蓄積が必要である。

（図1-3）。近年多くの自然災害の原因となっている短時間強雨の年間の発生回数は、気象庁が観測を行っている約40年間で増加傾向を示しています。特に2018年に岡山や愛媛をはじめとする西日本で、広域的で同時多発的に河川の氾濫やがけ崩れなどを起こした平成30年7月豪雨は、「地球温暖化に伴う気温の上昇と水蒸気量の増加」が一因とされています。

☀ 気候変動についてもっと知るには？

気候は私たちの生活と密接な関係があります。近年は気温や降水量に大きな変化が生じており、様々な災害を引き起こしています。今後の気温や雨の状態に注意を払うことが重要です。

気象庁のホームページには、日本のみならず世界の気候変動に関する情報がまとめられています。特に、気象庁が運営している地球温暖化情報ポータルサイトでは、WMOが発表する世界のGHGの状況をまとめた「温室効果ガス年報」や、「これまでの気候の変化」、「これからの気候の変化」など気象庁がもっている様々な情報が掲載されています。地域の気候に関しては、サクラの開花やウグイスの初鳴きなどの観測記録を報告している気象台もあります。

1.2 気候変動の原因は？

☀ 地球温暖化と気候変動

地球温暖化と気候変動の2つの言葉がよく使われています。地球温暖化とは人間活動に起因して大気中に放出されるGHG（二酸化炭素：CO_2、メタン、亜酸化窒素、フロンなど）によって、地球が暖められる現象です。一方、気候変動とは通常は数十年かそれよりも長い期間持続する、気候状態の変化を指しています。気候変動には、自然起源の内部過程あるいは太陽周期の変調、火山噴火などの要因も考えられますが、本書で用いる気候変動は、大気の組成を変化させる人間活動に起因するものとし、その定義は国連気候変動枠組条約（United Nations Framework Convention on Climate Change：

UNFCCC）に倣い、「地球の大気の組成を変化させる人間活動に直接又は間接に起因する気候の変化であって、比較可能な期間において観測される気候の自然な変動に対して追加的に生ずるものをいう」とします。本書では、地球温暖化によって生ずる気候変動とその影響に着目しています。

✳ 人間活動により加速する気候変動

地球温暖化の原因となる GHG 濃度は近年上昇を続けており、2019 年は過去最高を記録しました。GHG の一部である CO_2 の濃度は産業革命の時代である 18 世紀半ば頃から上昇し、近年急激に上昇しています。これまでの調査研究により、大気中の CO_2 濃度が増加しているのは、経済発展の過程で化石燃料を大量に使用したためであることが明らかになってきました。

CO_2 以外の GHG も、同じく産業革命の頃から上昇を続けています。この要因として、人口増加に伴う農業や畜産業の活発化により、耕地の拡大、肥料の使用量増加や家畜の増加などが挙げられています。

2015 年時点で、地球上の陸地面積の約 4 分の 3 が居住地や牧草地、農地として利用されており、手つかずの自然として残っているのは約 28% です。しかし、地球の陸域の平均気温が上がることで、砂漠化や土地の劣化、森林火災や永久凍土の融解などにより自然が失われています。森林が CO_2 を吸収することはよく知られていますが、都市化や耕作地の拡大などによる森林減少などの土地利用変化などによっても大気中の GHG 濃度は変わってきます。2007 年から 2016 年の世界全体の人間活動による GHG 排出量のうち、約 23% が土地利用に由来するものだったとの報告があります。このように、化石燃料だけでなく、私たちの様々な活動が気候変動の要因となる GHG 濃度と深い関わりがあるのです。

✳ 気候変動とその影響を観測し予測する科学者団体：IPCC

IPCC は、1988 年に国連環境計画と世界気象機関が、人間活動に起因する気候変動とその影響、適応および緩和策について、科学的・技術的、社会科学的な観点から評価を行う目的で設立されました。IPCC は 3 つの作業部会（Working Group：WG）に分かれており、第 1 作業部会（WGI）は気

候システムや気候変動に関する科学的根拠、第2作業部会（WGII）は自然生態系、社会経済などに及ぶ気候変動の影響・適応・脆弱性、第3作業部会（WGIII）は気候変動の緩和策についてそれぞれの報告書を作成し、最終的にこの3つの報告書をまとめた統合報告書とあわせて4つの報告書を発行しています。2013年から2014年にかけて第5次報告書（AR5）まで発行されており、現在は2021年から2022年に発行予定の第6次評価報告書（AR6）の執筆活動が進んでいます。また、AR5とAR6の間には、特定の問題に関して評価を行う特別報告書が発行されることになっており、2018年には1.5℃特別報告書、2019年には海洋・雪氷圏特別報告書、気候変動と土地に関する特別報告書がそれぞれ発行されています。

　それぞれの報告書は、世界中の観測データや研究の結果、学会誌で発表された論文などを基に、各国から推薦を受けた研究者がこれまでの傾向とこれからの予測を科学的に分析してまとめます。2007年には人為的な気候変動に関する知見をまとめ、それを世界に知らしめた功績と気候変動への対策に必要な取組みの基盤を築いたことに対して、ノーベル平和賞を受賞しています。

1.3　影響はすでに表れている

☀ 気候変動影響はすでに表れている

　広く世界に気候変動の影響が顕在化しつつあります。日本の至るところで、気象の極端化によって、毎年多くの都市や山間の集落、離島などがこれまで経験のない集中豪雨や土砂災害に見舞われるようになりました。また、水資源、生態系、農業、沿岸域、健康といった分野にも様々な影響が表れています。私たちは、気候変動による影響を身近に感じており、今後、さらに影響が深刻化すると心配せざるを得ません。本節では、すでに確認されている気候変動影響について、世界および日本の事例について紹介します。

☀ 世界中ですでに表れている気候変動影響

　気候変動の影響は、世界の様々な場所、様々な分野で表れています。IPCC WGII AR5 では、ここ数十年で観測された気候変動に起因する影響の世界的な分布を**図 1-4** のようにまとめています。ここ数十年の間に、すべての大陸と海洋において、気候変動が自然や人間社会に影響を及ぼしていること、また、気候変動の影響は、自然システムにおいて最も強くかつ包括的に表れていることが指摘されています。

　図 1-4 で示すように、分野や項目ごとに生じている影響についてその確信度も示されています。水資源については、多くの地域において、降水量や雪氷の融解の変化が水文システムを変化させ、量と質の面で水資源に影響を与えています。自然生態系に関しては、陸域、淡水および海洋の多くの生物種は、進行中の気候変動に対応して、その生息域、季節的活動、移動パターン、生息数および生物種の相互作用を変移させていると示しています。食料生産に対しても、広範囲にわたる地域や作物を網羅している多くの研究に基づく

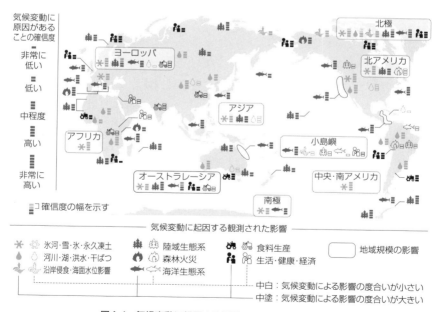

図1-4　気候変動に起因する観測された影響の世界分布

と、作物収量に対する気候変動の負の影響は、正の影響に比べてより一般的に見られています。

☀ 日本で確認される気候変動影響

気候変動の影響は日本でもすでに表れ始めており、今後様々な分野で拡大すると見られています。政府は平成27年に作成した「日本における気候変動による影響の評価に関する報告と今後の課題について気候変動の影響について（意見具申）、（以後、平成27年意見具申）」や、環境省、文部科学省、農林水産省、国土交通省、気象庁がまとめた「気候変動の観測・予測・影響評価に関する統合レポート2018～日本の気候変動とその影響～」では、将来起こり得る影響についての研究成果だけではなく、すでに観測されている影響も整理して示しています。

農業、森林・林業、水産業に及ぼす影響は、気温上昇による作物の品質低下、栽培適地の変化等が懸念されている一方で、新たな作物の導入に取り組む動きも見られます。水稲についてはすでに全国で気温の上昇による品質の低下が確認され、一部の地域や極端な高温年には収量の減少も見られ、野菜や果樹、畜産などに関しても各地で被害が報告されています。

気候変動が水環境・水資源に及ぼす影響として、気温上昇を一因とする公共用水域の水温の上昇、渇水による上水道の減断水などが確認されています。近年、短時間強雨や大雨が発生する一方、年間の降水日数は逆に減少しており、毎年のように取水が制限される渇水が生じています。

自然生態系に及ぼす影響では、植生や野生生物の分布の変化などがすでに確認されています。最近の新たな知見として、風などの大気条件の変化が渡り鳥の飛来経路に与える影響や、里山を代表する竹林の分布の拡大、河川の水温の変化がアユの遡上に与える影響などが報告されています。また、沿岸域の藻場への影響、さらにはこうした変化による生態系サービスの低下が人間生活に与える影響などについても報告されています。

自然災害・沿岸域への影響として、短時間強雨や大雨の強度・頻度の増加による河川の洪水、土砂災害、台風の強度の増加による高潮災害などが挙げられます。近年、短時間強雨や大雨の増加傾向が明瞭であり、このような雨

表1-2　日本に災害をもたらした近年の気象事象

平成 27 年（2015 年）以前（東日本大震災以降）

● 平成 23 年 7 月 27 日～7 月 30 日
　※**平成 23 年 7 月新潟・福島豪雨**　新潟県や福島県会津で記録的な大雨

● 平成 24 年 7 月 11 日～7 月 14 日
　※**平成 24 年 7 月九州北部豪雨**　九州北部を中心に大雨

● 平成 26 年 7 月 30 日～8 月 11 日　**台風第 12 号、第 11 号と前線による大雨と暴風**
　※**平成 26 年 8 月豪雨**（7 月 30 日～8 月 26 日）　四国を中心に広い範囲で大雨

● 平成 26 年 8 月 15 日～8 月 20 日　**前線による大雨**
　※**平成 26 年 8 月豪雨**（7 月 30 日～8 月 26 日）　西日本から東日本の広い範囲で大雨

● 平成 27 年 9 月 7 日～9 月 11 日　**台風第 18 号などによる大雨**
　※**平成 27 年 9 月関東・東北豪雨**（9 月 9 日～9 月 11 日）　関東、東北で記録的な大雨

平成 28 年（2016 年）

● 平成 28 年 6 月 19 日～6 月 30 日　**梅雨前線による大雨**
　西日本を中心に大雨

● 平成 28 年 8 月 16 日～8 月 31 日　**台風第 7 号、第 11 号、第 9 号、第 10 号および前線による大雨・暴風**
　東日本から北日本を中心に大雨・暴風。北海道と岩手県で記録的な大雨

平成 29 年（2017 年）

● 平成 29 年 6 月 30 日～7 月 10 日　**梅雨前線および台風第 3 号による大雨と暴風**
　※**平成 29 年 7 月九州北部豪雨**（7 月 5 日～7 月 6 日）
　西日本から東日本を中心に大雨。5 日から 6 日にかけて西日本で記録的な大雨

● 平成 29 年 9 月 13 日～9 月 18 日　**台風第 18 号および前線による大雨・暴風など**
　南西諸島や西日本、北海道を中心に大雨や暴風となった

● 平成 29 年 10 月 21 日～10 月 23 日　**台風第 21 号および前線による大雨・暴風など**
　西日本から東日本、東北地方の広い範囲で大雨。全国的に暴風

平成 30 年（2018 年）

● 平成 30 年 1 月 22 日～1 月 27 日　**南岸低気圧および強い冬型の気圧配置による大雪・暴風雪など**
　関東甲信地方や東北太平洋側の平野部で大雪。日本海側を中心に暴風雪

● 平成 30 年 2 月 3 日～2 月 8 日　**強い冬型の気圧配置による大雪**
　北陸地方の平野部を中心に日本海側で大雪

● 平成 30 年 6 月 28 日～7 月 8 日　**前線および台風第 7 号による大雨など**
　※**平成 30 年 7 月豪雨**　西日本を中心に全国的に広い範囲で記録的な大雨

● 平成 30 年 9 月 3 日～9 月 5 日　**台風第 21 号による暴風・高潮など**
　西日本から北日本にかけて暴風。特に四国や近畿地方で顕著な高潮

平成 31 年／令和元年（2019 年）

● 令和元年 8 月 26 日～8 月 29 日　**前線による大雨**
　九州北部地方を中心に記録的な大雨

● 令和元年 10 月 10 日～10 月 13 日
　※**令和元年東日本台風（台風第 19 号）による大雨、暴風など**　記録的な大雨、暴風、高波、高潮

● 令和元年 10 月 24 日～10 月 26 日　**低気圧等による大雨**
　千葉県と福島県で記録的な大雨

令和 2 年（2020 年）

● 令和 2 年 7 月 3 日～7 月 31 日
　※**令和 2 年 7 月豪雨**　西日本から東日本、東北地方の広い範囲で大雨。4 日から 7 日にかけて九州で記録的な大雨。球磨川など大河川での氾濫が相次いだ

● 令和 2 年 9 月 4 日～9 月 7 日　**台風第 10 号による暴風、大雨など**
　南西諸島や九州を中心に暴風や大雨。長崎県野母崎で最大瞬間風速 59.4 メートル

に伴う水害被害が各地で発生しています。2017 年の九州北部豪雨による大
量の土砂や流木を伴う洪水、2018 年の 200 人を超える死者を発生させた西
日本豪雨や関西国際空港における大規模浸水を発生させた台風第 24 号によ
る被害など、甚大な被害が毎年のように確認されています（表1-2）。

　人の健康に及ぼす影響には、熱中症などの暑熱による直接的な影響と、感
染症への影響など、間接的な影響が挙げられます。近年、熱中症による死亡
者数は増加しています。感染症については、現状では患者数の増加は報告さ
れていませんが、デング熱などの媒介蚊であるヒトスジシマカの生息域北限
が北上し、2016 年には青森県に達したことが報告されています。

　産業・経済活動、国民生活・都市生活に関する分野における影響について
は、気候変動による影響だけでなく社会的な様々な要因も関係することか
ら、論文での報告例は限られるものの、気温上昇や海面上昇、極端現象など
によって、様々な生産・販売活動や各種のインフラに影響が及ぶ可能性が懸
念されています。

1.4　緩和と適応

❀ 気候変動への 2 つの対策

　地球温暖化の対策には、その原因物質である GHG の排出量を削減する（ま
たは植林などによって吸収量を増加させる）「緩和（mitigation）」と、気
候変動に対して自然生態系や社会・経済システムを調整することにより気
候変動の悪影響を軽減する（または気候変動の好影響を増長させる）「適応
（adaptation）」に大別できます。「適応」とは、「現実の気候または予想さ
れる気候およびその影響に対する調整の過程。人間システムにおいて、適応
は害を和らげもしくは回避し、または有益な機会を活かそうとする。一部の
自然システムにおいては、人間の介入は予想される気候やその影響に対する
調整を促進する可能性がある」と定義されています。気候変動による悪影響
を軽減するのみならず、気候変動による影響を有効に活用することも含みま
す。

GHG 排出を抑制する緩和の推進は待ったなしの状況です。IPCC 1.5℃ 特別報告書によると、気温上昇を産業革命以前と比べて 1.5℃ 以下にとどめるためには、CO_2 排出量を 2030 年までに 45％の削減、2050 年頃までに正味ゼロ排出を達成しなくてはなりません。しかしながら、地球の環境および生態系のほぼあらゆる場所で、気候変動による影響が顕在化しており、緩和を推進しても一定程度の温暖化が避けられない場合、想定される気候変動影響に対して自然や人間社会のあり方を調整する「適応」が重要となります。

緩和は、大気中の GHG 濃度上昇抑制などを通じ、自然・人間システム全般への影響を軽減するのに対して、適応は直接的に特定のシステムへの気候変動影響を軽減もしくは回避するという特徴をもちます。したがって多くの場合、緩和の波及効果は広域的・部門横断的であり、緩和が適切に行われない場合、その影響は世界中に及びます。これまで比較的に GHG 排出量が少ないと想定される一部の途上国においても、気候変動の影響は及んでしまうこととなります。例えば、海面上昇の影響を受けやすい島嶼国や河川堤防などのインフラの整備状況が進んでいない国々での被害が危惧されています。一方、気候変動による影響は多くの分野において様々な形や程度で生じるため、地域や分野の状況に応じた適応策が求められます。

☀ 緩和と適応、両方の必要性

気候変動を抑えるためには、その原因となる GHG 排出量を大幅に削減すること（緩和）が最も必要かつ重要な対策です。緩和策の例としては、京都議定書のような排出量そのものを抑制するための国際的ルールや省エネルギー、CO_2 固定技術などを挙げることができます。なお、最大限の排出削減努力（緩和）を行っても、過去に排出された GHG の大気中への蓄積があり、ある程度の気候変動は避けられません。それによる影響に対して取り得る対策は、変化した気候のもとで悪影響を最小限に抑える「適応」に限られます。しかしながら、適応だけですべての気候変動の影響を低減することも不可能であり、緩和も同時に進める必要があります。適応は温暖化対策全体の中では緩和策を補完するものとして位置付けられてきた部分もありますが、双方とも温暖化対策として不可欠なのです（図 1-5）。

図 1-5　緩和と適応

　緩和の効果が表れるには長い時間がかかるため、早急に大幅削減に向けた取組みを開始し、それを長期にわたり強化・継続していかなければなりません。IPCC WGII AR5 では、現時点での緩和と適応の取組みが 21 世紀中の気候変動のリスクを左右するとしています。ここ数十年といった近い将来では、緩和の程度によって気候の変化に大きな差はありませんが、21 世紀後半になると、世界の平均気温予測は排出シナリオによって大きく異なると予測されています。このため長期的に気候を安定化させるためには、直近の緩和と適応の取組みや開発の経路が気候変動のリスクを大きく左右することがわかってきました。

　IPCC AR5 に引き続き発行された 1.5℃特別報告書では、例えば、建築物のエネルギー消費量を抑えて効果的な空調が可能な設計にする、など緩和と適応の相乗効果が期待できる取組みがあることを紹介し、地球温暖化を 1.5℃に抑えるためには緩和と適応の選択肢を統合的な方法で組み合わせて実行することが有効であるとしています。

　また、変化する気候が私たちにとって有利に働くことを活用する適応も考えられます。例えば農業では、気温の上昇に伴ってこれまで作物を栽培できなかった場所で新たな農業ができるようになったり、付加価値の高い品種に転換することができるようになるかもしれません。こうした気候変動がもたらす正の影響も活かしていく視点が大切です。

1.5 リスクの考え方

☀ 気候変動によるリスクとは？

　ここまで、気候変動がもたらす影響に対して、私たちが適応する必要性を説明しました。ここでは、適応の取組みに必要なリスクの考え方について解説します。

　異常気象などによる生態系や人間社会への影響の度合いは、こうした現象にどの程度脆弱なのか（脆弱性）、あるいはどの程度さらされるのか（曝露）によって決まります。この脆弱性と曝露は、時間や場所・空間によって変動する性質を持ち、地理的条件や社会経済の状態、人口構成、政策や文化や制度、さらには環境などといった様々な要因に起因します。

　気候変動のもたらす影響に曝露される人や生態系と資産、そしてそれらの脆弱性が、気候変動による危険な事象（ハザード）と重なり合うことで発生するリスク（ある危険が生じる可能性）を理解することは、適応を進めるうえで非常に重要です。なぜなら、リスクに着目することで、これまでの経験と将来の予測とを連続して考え、現在と将来の状態との違いを把握して解決策を明確化することができるからです。また、将来の不確実性を十分に考慮した意思決定を行うためにもリスクの視点は重要です。気候変動のリスクは、様々な要素が複雑に関係し合うストレス環境下で生じ、長期的な課題に新たな局面をもたらしたり複雑化したりする場合がよくあります。しかしながら、複数のストレス事象のなかで気候変動のリスクを認識するという考え方は、課題解決への新たな視点とアプローチを切り開くことにもつながる可能性があります。

　IPCC WGII AR5 では、気候変動のリスクがどのように生じるかについてに基本的な概念を示しています（**図1-6**）。気候に関連した影響は、「気候に関連するハザード（危険な事象や傾向など）と、人間および自然システムの脆弱性や曝露との相互作用の結果によってもたらされ、気候システムおよび緩和と適応を含む社会経済プロセス双方における変化が、ハザード、曝露および脆弱性の根本原因である」と定義されています。気候システムによってハザードが引き起こされ、社会経済プロセスに基づき脆弱性や曝露が形成さ

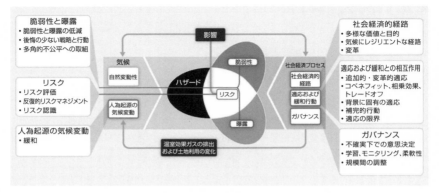

脆弱性と曝露
・脆弱性と曝露の低減
・後悔の少ない戦略と行動
・多角的不公平への取組

リスク
・リスク評価
・反復的リスクマネジメント
・リスク認識

人為を起源の気候変動
・緩和

社会経済的経路
・多様な価値と目的
・気候にレジリエントな経路
・変革

適応および緩和との相互作用
・追加的・変革的適応
・コベネフィット、相乗効果、トレードオフ
・背景に固有の適応
・補完的行動
・適応の限界

ガバナンス
・不確実下での意思決定
・学習、モニタリング、柔軟性
・規模間の調整

気候
自然変動性

人為起源の
気候変動

影響

脆弱性

ハザード

リスク

曝露

社会経済プロセス

社会経済的
経路

適応および
緩和行動

ガバナンス

温室効果ガスの排出
および土地利用の変化

図1-6　気候に関連した影響のリスクについての概念図

れます。緩和や適応が進めば、脆弱性や曝露を低減させることができ、結果
として気候に関連した影響のリスクを低減させることができると考えられま
す。

☀️ 影響、リスク、ハザード、曝露、脆弱性の定義

　IPCC WGII AR5 では、図1-6 の概念図における個々の用語について以下
のとおり定義を示しています。

影　響：自然及び人間システムへの影響。本報告書では、影響という用語は、
　　　　主に気象・気候の極端現象及び気候変動が自然及び人間システムに及
　　　　ぼす影響を指して用いられる。影響は一般的に、気候変動もしくは特
　　　　定の期間内に起こる危険な気候事象と、それに曝露した社会又はシス
　　　　テムの脆弱性との相互作用に起因する、生命、生計、健康、生態系、
　　　　経済、社会、文化、サービス、及びインフラへの影響を指す。影響は
　　　　（望ましくない）結末や結果とも表現される。洪水、干ばつ、及び海
　　　　面水位上昇のような地球物理学的システムへの気候変動の影響は、物
　　　　理的影響と呼ばれる影響の一部である。

リスク：多様な価値が認識されるなか、価値あるものが危機にさらされ、そ
　　　　の結果が不確実である場合に、望ましくない結末が生じる可能性があ
　　　　ること。リスクは、危険な事象の発生確率・傾向とそれらの事象・傾

向が発生した場合の影響の大きさの積として表されることが多い。リスクは脆弱性、曝露及びハザードの相互作用によって生じる。

<u>ハザード（外力）</u>：人命の損失、負傷、その他の健康影響に加え、財産、インフラ、生計、サービス提供、生態系及び環境資源の損害や損失をもたらしうる、自然又は人間によって引き起こされる物理的事象又は傾向が発生する可能性、あるいは物理的影響。

<u>曝　露</u>：悪影響を受ける可能性がある場所及び環境の中に、人々、生活、生物種、又は生態系、環境機能・サービス及び資源、インフラもしくは経済的、社会的又は文化的資産が存在すること。

<u>脆弱性</u>：悪影響を受ける傾向あるいは素因。脆弱性は危害への感受性又は影響の受けやすさや、対処し適応する能力の欠如といった様々な概念や要素を包摂している。

　個々の用語を具体例に基づいて説明します。例えば、気候変動により洪水被害の規模や頻度が拡大するという影響を考えます。将来的に洪水被害の規模や頻度が拡大するという不確実であり望ましくない結末が生じる可能性があること、これがリスクです。その原因となりますが、気候変動により洪水を招く極端な大雨の規模や頻度が拡大すること、これがハザードとして捉えられます。ハザードが生じるとしたときにリスクとしての洪水被害の有無や程度を決める要因となるものが、曝露と脆弱性です。ここでは、洪水の被害を被るような河川付近に住宅や資産が存在することが曝露、被害の程度を決める河川改修等の洪水対策のレベルや地域住民の避難訓練の練度等が脆弱性として捉えられます。気候に関連した影響やリスクを低減する適応策を行う際には、ハザードを正しく捉え、曝露や脆弱性を適切に低減することが求められます。気候変動におけるリスクという概念は比較的新しい考え方で、IPCC WGII AR5 で改めて定義されました。同報告書では、リスクに着眼することで、気候変動における様々な意思決定を支援することを目的にしています。

　日本の気候変動適応法第2条では、気候変動による影響を「気候変動影響とは、気候変動に起因して、人の健康又は生活環境の悪化、生物の多様性の低下その他の生活、社会、経済又は自然環境において生ずる影響をいう」

と定義しています。

　さらに、リスクと影響の違いを、脆弱性、曝露、ハザードを使って考えてみます。ここでは高気温を例に取りましょう。気候変動は気温の変化をもたらします。これにより、日中の気温が高くなります（ハザード）。こうした高い気温にさらされる（曝露）ことで、人間社会に熱中症患者の増加という影響が表れます。しかし、日中に外出を控えたり、コンビニやスーパー、公民館が提供しているクールシェアという涼が取れる場所で適当に休憩をとることで、外気温に体が耐えられなくなる（脆弱性）ことを回避し、外気温の人体に与える影響が心配される状況であっても実際に熱中症にかかるリスクを減少させ、結果として、熱中症患者の増加という影響を低減することができます。別の例として、気候変動により降水量が増大し、川の氾濫や土砂崩れ（ハザード）という危険性が高まる場合、被害を受けるおそれのある地域（曝露）が住宅街や工場地帯なのか、または田畑や遊水地でその程度が変わります。また、住宅地や工場地であっても、標高や地盤の状態などによって洪水に対する弱さ（脆弱性）が変わってきます。

　日本における地方公共団体での気候変動によるリスクについてさらに考えてみます。政府は平成27年意見具申で、気候変動が日本に与える影響を評価しました。現在の適応計画も、この影響評価に基づいて策定されています（第3章「気候変動適応法と国の適応計画」に詳述）。こうした影響評価は、地域が適応策を検討する際に有用な指針となり得ますが、そこから一歩進んで、「地域で価値があるもの」を見極めることで、気候変動がもたらすリスクの大きさに応じて、適応策を講ずべき分野を特定することできます。例えば、気候変動適応計画では、果樹への影響として「将来予測される影響としては、温州ミカンやリンゴは、気候変動により栽培に有利な温度帯が年次を追うごとに北上するものと予測されている。この予測を踏まえれば、既存の主要産地が栽培適地ではなくなる可能性もあり、その結果、これらの品目の安定生産が困難となり、需給バランスが崩れることにより、価格の高騰や適正な価格での消費者への安定供給を確保できなくなることも懸念される」と評価しています。しかし、こうした果樹が地域産業に占める割合が小さい場合、気候変動の果樹への影響に対するその地域のリスクは小さい、と捉えら

れるかもしれません。一方、こうした果樹が地場産業となっている地域では、積極的に適応策を取ることで、気候変動がもたらす影響に対し影響を小さくする必要があります。このように、「地域で価値があるもの」が何であるかによって、リスクを小さくするための対策の優先度が変わってきます。この「地域で価値があるもの」については地域によって様々であり、「地域で価値があるもの」が同じであっても、受ける影響は地域によって異なるため、リスク低減のための適応策の実施に関しては、地域主導で進めなくてはなりません。

　現在、適応に関連する複数の規格の開発が進められています。国際規格のISO 14091「Adaptation to Climate Change — Vulnerability, impacts and risk assessment」では、脆弱性、影響、リスクの評価におけるガイドラインを提供しようと開発が進められています。そこでも、前述のIPCCと類似の概念を示し、概念を正しく捉えることで、気候変動と社会や経済・環境に与える影響の間の因果関係の理解が促進されるとしています。

気候変動の影響評価

　気候変動に対処するためには、気候の将来予測を基にどのような影響が生じてくるかを予測し、その影響の程度などについて評価を行う「気候変動影響評価（以後、影響評価）」が必要となります。この影響評価は、まず、世界の社会経済がどのように発展するかについて複数のシナリオ（社会経済シナリオ）をつくり、それぞれのシナリオ別にGHG排出量を推定（排出シナリオ）、GHG排出量と気候モデルから将来の気温・降水量変化を予測（気候シナリオ）、最後に将来の気候変動をインプットとして影響予測モデルから将来の影響を推計し、その結果を評価するという工程で行われます。具体的には、農作物の収量低下や河川流量変化など、分野ごとに気候変動によってどのような影響が生じるかについて、個々に影響予測モデルを開発して予測が行われます。また近年では、直接的な気候変動影響（農作物の収量低下や河川流量変化など）予測のためのモデル開発に加えて、その直接影響が連鎖的に私たちの生活に与える影響（穀物市場価格の高騰や、それにより引き起こされる食糧不足など）を包括的に見積もるためのモデル開発や、そのモ

デルの利用により、適応策を講じた場合の効果とそれにかかる費用を比較して、選択すべき適応策の検討も行われています。

　本書における影響予測と影響評価の違いについて説明します。影響予測とは「気候変動により農林水産や自然災害等の個々の分野でどのような影響がどの程度生じるかについて推計を行うこと」です。一方、影響評価とは「複数の予測された影響結果に基づいて、それらが人間社会等にもたらす意味を想定し、様々な観点で判断すること」です。

　政府の気候変動適応計画にて示される影響評価の結果においては、「農業・林業・水産業」、「水環境・水資源」、「自然災害・沿岸域」、「自然生態系」、「健康」、「産業・経済活動」、「国民生活・都市生活」の7つの分野（以後、影響7分野）において、「重大性」、「緊急性」、「確信度」の3つの観点で、科学的知見に基づく専門家判断（エキスパート・ジャッジ）により影響評価が行われています。

重大性：社会、経済、環境の3つの観点で評価する。評価の表し方は「特に大きい／特に大きいとは言えない／現状では評価できない」の3段階。

緊急性：影響の発現時期、適応の着手・重要な意思決定が必要な時期の2つの観点で評価する。評価の表し方は「高い」、「中程度」、「低い」、「現状では評価できない」の4段階。

確信度：IPCC WGII AR5 の確信度の考え方をある程度準用し、研究・報告のタイプ（モデル計算などに基づく定量的な予測／温度上昇度合いなどを指標とした予測／定性的な分析・推測）と見解の一致度の2つの観点で評価する。研究・報告の量そのものがかなり限定的（1～2例）である場合は、その内容が合理的なものであるかどうかにより判断。評価の表し方は「高い」、「中程度」、「低い」、「現状では評価できない」の4段階。

　分野別・項目別の影響評価は平成27年意見具申にまとめられ、政府に提出され、同年11月に策定の「気候変動の影響への適応計画」の根拠となっています。

　IPCC AR5 を作成するにあたり、執筆者が一定の法則に従って担当分野の研究成果をもとに、集められた知見の確信度を評価するための「不確実性に

関する一貫した取扱いに関する IPCC 第 5 次評価報告書主執筆者向け指針」が用意されました。この指針では、執筆過程で明らかになった研究成果のうち主要な事項を報告する際に、その報告内容を 2 つの基準に基づいて説明することが決められています。

確信度：証拠（種類、量、質、整合性）と見解の一致度に基づき、妥当性を定性的に表現する用語。証拠は、データ、メカニズムの理解、理論、モデル、専門家の判断などに基づき、その確実性を「限定的」、「中程度」、「確実」と 3 つのレベルで表します。また、見解の一致度については、「低い」、「中程度」、「高い」を用いて表します。知見の妥当性の確信度は、証拠と見解の一致度の評価を統合したものであり、その水準は「非常に低い」、「低い」、「中程度」、「高い」、「非常に高い」の 5 段階となっています。これらの基準は比較的柔軟に適用されています。一般的には、証拠が多く見解の一致の程度が高い場合は確信度が高くなりますが、証拠と見解の一致度の条件によっては違うレベルの確信度になる場合もあります。

可能性：確率論により不確実性を定量的に表現する用語。IPCC 報告書での定性的な知見に対する不確実性は、確信度とそれを要約した説明文で表現することになっています。

※ 現在と将来の脆弱性

　リスクと合わせて気候変動適応を考える際に重要となるのは「脆弱性」です。適応に関する研究や取組みを行う際には、コミュニティやシステムに包含される現在および将来の脆弱性を構成する社会的要因と、将来の曝露と脆弱性を左右する生物物理学的要因をどのように考慮すべきか様々な検討が求められます。自然科学の分野では、気候変動のもたらす将来の影響を評価するための気候予測の開発や応用を主眼とするため、将来の気候条件の変化に対するリスクに着目してきました。一方、適応を社会科学の観点（例：開発学、文化人類学、人間生態学など）から捉え、脆弱性に関係する社会経済的・文化的な要因についての検討も急務となっています。

　適応を考える際には、将来の生物物理的な変化に注目すべき理由がいくつ

かありますが、特に、現在の状況に対して設計された適応の取組みが将来の変化に対しても十分に頑強であることを確認することが挙げられます。例えば、護岸の改修時に、将来の海面上昇を考慮することで、現在の曝露だけでなく将来の変化に対しても備えることができます。一方で、社会的な脆弱性の決定要因に対しては、将来の社会経済状況の変化を鑑みた適応が必ずしも現在の脆弱性に十分対応するわけではありません。しかしながら、現在の脆弱性を低減するための適応策は、気候変動に対する脆弱性が小さくなるような開発の推進に有効です。

脆弱性についての概念の変遷

　ここまで、複数の専門用語についての定義を説明しました。ここでは、脆弱性の概念の変遷について説明します。IPCC の評価報告書においても、脆弱性の概念は、AR4 と AR5 で大きな変更がなされました（図 1-7）。AR4 における脆弱性は、曝露・感受性・適応能力からなり、AR5 におけるリスクに近い概念となっています。AR5 では、リスクは外力と人間および自然システムの脆弱性や曝露との相互作用の結果からもたらされるものとされ、脆弱性は外力・曝露とともに気候変動によるリスクの主要な構成要素の 1 つとなっており、また感受性と適応能力からなるものとされています。脆弱性は概念としても難解であり、IPCC といった科学者達の集まりにおいてもその定義において議論があることがうかがわれます。

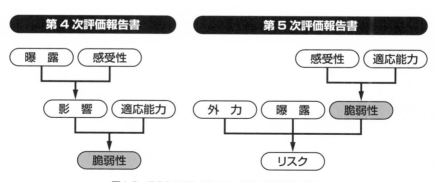

図 1-7　IPCC WGII AR4 と AR5 での概念の違い

1.6　将来はどうなるの？

☀ 将来の気候は予測できるのか

　明日の天気予報も外れることがしばしばありますが、将来の気候変動やその影響を予測することは可能なのでしょうか。『広辞苑 第七版』（岩波書店）では、予報とは「あらかじめ知らせること。また、その報告」、予測とは「将来の出来事や有様をあらかじめ推測すること。前もっておしはかること」とされています。明日の天気でさえ完全に正確に知ることはできない以上、将来の気候について自信をもって"あらかじめ推測する"というのはどうもハードルが高そうです。一方、正確に知ることはできなくても、予測に含まれる不確実性の存在を認識することで、その「**不確実性を含めた将来の気候を前もっておしはかること**」は、今まさに気候変動科学の最前線において鋭意取り組まれています。

☀ 不確実性のもとでの意思決定

　気候変動の影響は、生態系の変化、洪水の増加、農水産物の質や収量の変化など、様々な形で私たちの社会に表れます。こうした影響が必ずしも被害をもたらすとは限りませんが、被害を受けるリスクは誰もが持っています。安心安全な社会を構築するため、特に公共政策の観点から予防的・計画的な対策が必要な場合には、適応策を講じる必要があります。このとき、様々な適応策の選択肢群を用意し、その中から適切な適応策を選択するには意思決定が欠かせません。

　適応の取組みや関連する計画の策定は意思決定の連続です。意思決定した内容と実行した内容によって、その後の結果が大きく左右されます。適応の取組みに充てられる人員や資金といったリソースには限りがあるため、常に「全員」にとって「後悔のない」選択肢を選べるわけではありません。よって、よりよい選択をするには、「特に対策が必要な人やもの」に対して「後悔が少ない」結果を出す、というように目標（ゴール）を柔軟に設定することが求められます。

　気候変動の時代を迎えた今、地域で気候変動適応計画を作成するときに

は、様々な影響に対して地域がどう備えるべきかという適応の目的を明確に
し、気候変動のもたらすリスクを想定した適応取組みの目標を定め、数ある
施策案から望ましい適応策の選択肢を当事者全員が検討し、選択し、決定し
ていくことが重要です。

✹ 不確実性を考慮した気候変動適応への取組み方

　気候変動が将来どれくらい深刻な問題となるか、また、その影響が表れる
時期や大きさをはっきりと知ることは非常に難しいことです。一方で、人口
減少や高齢化社会などの様々な社会環境も変化していくことから、適応を取
り巻く意思決定の際に不確実性を考慮することが求められます。こうした不
確実性に対応するためには、最新の科学的知見を収集し社会の変化を考慮し
ながら、気候変動とその影響を定期的に評価し、その結果を踏まえた適応策
をできるだけ手戻りなく検討して実施する、さらにその進捗状況を把握し必
要に応じて見直す、といった「順応的なアプローチ（環境の変化に応じて、
対策を変化させていくアプローチ）」により、柔軟に取り組むことが大切で
す。効果的な適応策の検討にあたっては、重大性や緊急性などを考慮して、
優先して進めるべき適応策を特定することが求められますが、対応が必要な
分野や項目での不確実性を考慮しつつ、現在から将来にかけての適応の取組
みに着手することが大切です。

　このとき、既存の科学的知見には不確実性が含まれますが、完全に科学的
な証明が得られるのを待つのではなく、数年程度先を見据える短期的視点の
もと、適応策を実施していくことも必要です。同時に適応策には、地域社会
のあり方を長い時間をかけて変えていく要素も持ち合わせているため、特に
都市計画やインフラなどの分野では長期的視点からの対応が重要です。一方
で、気候シナリオや影響予測に基づいて長期にわたる計画を立案したとして
も、新しい科学的知見が公表されたり、それに基づいて予測値が改定された
場合、せっかくの投資が無駄になったり、計画を変更せざるを得なくなった
りすることがあり得ます。このことから、効果的かつ効率的な適応のために
は、予測に過度に依存するのではなく、過去から現在にかけての観測結果を
最大限に活用することも大切です。例えば、海面上昇を考慮した建造物を改

築・更新する場合には、実際に観測された海面上昇分の設計に加えて、耐用
期間中の上昇予測値を加える方法が挙げられます。愛知県の日光川流域の防
災の要である日光川水閘門では、老朽化や地盤沈下の影響から改築工事を実
施しました。このとき、地球温暖化による海面上昇にも対応可能な設計を先
駆的に取り入れました。この設計では、改築時・更新時などの機会に建造物
を気候変動に適応可能となっています。このような適応策は、影響の進行度
合いに対して手遅れになることなく、過剰投資を防ぎ、さらには関係者間の
合意形成を得やすくなります。

✳ シナリオシンキング

　将来の気候を予測して対策を講じる場合、基本となる考え方がシナリオシ
ンキングです。シナリオシンキングとは、起こる可能性のある複数の未来
（シナリオ）を描きそれを経営ツールとして採用していく考え方です。1970
年代初頭に石油メジャーのロイヤル・ダッチ・シェルが開発し、同社は
1973 年の石油危機をシナリオの 1 つとして事前に描き出し、その危機への
対処を成功裡に成し遂げました。「未来は予測できない」という前提を受け
入れ、そのうえで起こる可能性のある未来を複数考えるというものでした。
　将来の気候の予測は、起こり得る可能性のある複数の未来をシナリオとし
てデータ化し、それを入力として気候モデルと呼ばれるシミュレーションモ
デルを用いて行われます。気候モデルとは、大気や海洋などの中で起こる現
象を物理法則に従って定式化し、コンピュータによって疑似的な地球を再
現しようとする計算プログラムです。気候モデルの計算は膨大な量である
ため、計算にはスーパーコンピュータを使います。気候モデルには、全球
気候モデル（Global Climate Model：GCM）や領域気候モデル（Regional
Climate Model：RCM）などがあります。
　気候モデルのインプットとなるのが、排出シナリオや社会経済シナリオ
です。排出シナリオとしてよく知られるものが、RCP（Representative
Concentration Pathways）シナリオです。RCP シナリオとは、IPCC WGI
AR5 の気候モデル予測で用いられる GHG の代表的な濃度の仮定です。起
こる可能性のあるものとして、RCP2.6、RCP4.5、RCP6.0、RCP8.5 と 4

つのシナリオが用意されています。数値が大きくなるほど2100年時点での放射強制力が大きくなるようになっています。放射強制力とは、起こり得る気候変動のメカニズムの重要性を表す簡単な尺度であり、正の放射強制力は地表面を暖める傾向があります。RCP2.6は、非常に低い強制力レベルにつながる緩和型シナリオであり、安定化シナリオがRCP4.5・RCP6.0の2つ、非常に高いGHG排出量となるシナリオがRCP8.5となっています（**表1-3**）。

表1-3　IPCC第5次評価報告書におけるRCPシナリオとは

略　称	シナリオ（予測）タイプ	2081～2100年における地球全体の平均気温上昇量（1986～2005年比）
😀 **RCP2.6**	**低位安定化シナリオ** （世紀末の放射強制力 2.6W/m²） 将来の気温上昇を2℃以下に抑えるという目標のもとに開発された**排出量の最も低いシナリオ**	平均 1.0℃ （0.3～1.7℃）
😐 **RCP4.5**	**中位安定化シナリオ** （世紀末の放射強制力 4.5W/m²）	平均 1.8℃ （1.1～2.6℃）
😞 **RCP6.0**	**高位安定化シナリオ** （世紀末の放射強制力 6.0W/m²）	平均 2.2℃ （1.4～3.1℃）
😵 **RCP8.5**	**中位安定化シナリオ** （世紀末の放射強制力 8.5W/m²） 2100年における温室効果ガスの**最大排出量に相当するシナリオ**	平均 3.7℃ （2.6～4.8℃）

RCP…Representative Concentration Pathways（代表濃度経路シナリオ）

第2章

適応の基本的な考え方

2.1　適応とは

2.1.1　適応の定義

　1.5 節「リスクの考え方」では、気候変動およびその影響への適応について紹介しました。第 2 章ではより詳しく適応の考え方について解説します。

　この「適応」という言葉は、私たちの日常でも一般的によく使われています。『大辞林　第四版』（三省堂）では、適応は「ある状況に合うこと。また、環境に合うように行動のし方や考え方を変えること」と定義されていますが、使用される分野によって、異なる意味で使われています。例えば、生物学・生態学における適応は、「生物のもつ形態、生理、行動などの諸性質が、その環境のもとで生活していくのに都合よくできていること、または、そのような状態に変化していく過程をいう（『日本大百科全書（ニッポニカ）』／適応）」と定義されています。その他、医療分野、心理学、社会福祉、教育など、それぞれの分野における様々な「適応」が定義されています。

　イギリスの自然科学者チャールズ・ダーウィンは『種の起源』で、生物が環境に適応しながら進化する進化論を唱えました。自然生態系に限らず、私たち人間や社会システムも気候を含む環境の変化に自発的に対応しながら進化してきています。例えば暑い地域では、その土地の文化や生活様式に応じた暑さを軽減する服装や建築様式が伝統的に発達しました。近年はエアコンのおかげで、夏の暑さ対策が劇的に進化していますが、第 1 章「気候変動とは」で述べたように、気候変動が私たちの経験や予想を超えた影響をもたらしており、将来はこうした影響の規模や範囲が拡大する懸念があります。このため、こうした影響には、今までの適応では対応しきれないおそれがあり

ます。例えば、2019 年 7 月、インドのラージャスターン州では過去最高気温である 51℃を記録しました。ところが、家庭用エアコンは外気温は 43℃までしか上がらないと想定して設計しているため、仮にインドのような猛暑が日本で起こった場合、今のエアコンでは対応できません。現在でも熱中症で救急搬送される方が後を絶たないため（2019 年は全国で 7 万 1317 人）、今よりも気温が高くなりエアコンが効かなくなると大変です。このため、将来の気温上昇を見据え、外気温が 52℃でも耐えられるエアコンが開発されています。また、平成 29 年 7 月九州北部豪雨、平成 30 年 7 月豪雨、令和元年の房総半島台風と東日本台風、令和 2 年 7 月豪雨と、近年は連続して大きな気象災害に見舞われています。このように、雨風の強さが極端に増大する傾向が長期的に表れていますが、気象庁はこの背景要因として気候変動により気温が長期的に上昇傾向にあることを挙げています。また、こうした気候変動等の影響が従来の対策を上回る「新たなフェーズに突入」したため、今後も気象による災害が頻発あるいは甚大化、さらにはその両方が起こることが想定されるとの指摘があります。このように変動する気候が将来も私たちの健康や生活に大きな影響を及ぼすことが明らかになっていることから、**今までの気候や環境への適応に加えて、将来の気候変動とその影響を見据えた対策をまとめて「気候変動適応」と呼びます。**

☁ 適応開始のタイミング

　適応は、気候変動のもたらす影響に対するリスクを低減して、現在から未来にかけての人類の福祉や財産の保護、生態系の保全などに寄与することを目的とします。将来の気候変動による負の影響にさらされるものや脆弱なものへの対処が、適応の第一歩となります。持続可能な社会に向けた長期的な視点から適応を考えた場合、できるだけ早く適応の検討に着手することで、将来の選択肢が増えたり、備えに有利となります（**図 2-1**）。

　自然界では気候変動に対応しながら適応が進みます。一方、人間社会の中では、自然界と同様に気候による負の影響を受けて対策を始める場合もあれば、気候変動の先を見越して取り組む場合もあります。このように適応への取組み方は、検討や活動を始めるタイミングによって区分されることがあり

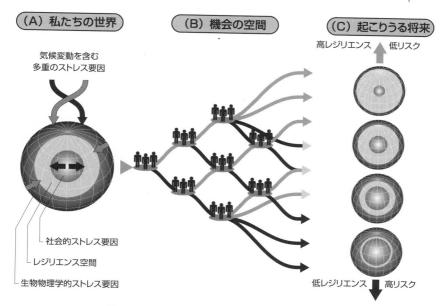

(A) 私たちの世界

気候変動を含む
多重のストレス要因

社会的ストレス要因

レジリエンス空間

生物物理学的ストレス要因

(B) 機会の空間

(C) 起こりうる将来

高レジリエンス　低リスク

低レジリエンス　高リスク

図 2-1　機会の空間および気候にレジリエントな経路

ます。主として気候変動の影響が顕在化し始めた後に起こる活動を**自発的適応**（他の表現例：受動的適応）、影響が明らかになる前に取られる活動を**計画的適応**（他の表現例：予見的適応、積極的適応、予防的適応）と呼びます。

「自発的適応」とは、気候による望ましくない事象が生じた後に自発的に行われる活動です。多くの自発的適応は、地域で緊急性かつ重大性の高い問題が発生した後に対応するもので、民間事業者の間でよく見られます。もちろん、自発的適応の実行には、適切な情報と知識、技術やインセンティブが必要です。一方、「計画的適応」とは、明確な目的を持ち、予測に基づいた事前の取組みです。政府や地方公共団体などが行う規模の大きな適応策などがこれにあたり、この計画的適応で特に必要とされるのは、将来を想定して備えるための知識基盤と能力開発です。計画的適応は、開発における施策や制度などと統合されて主流化することが求められます。しかしながら、**適応の主流化**の重要性が認識されつつあるものの、その取組みは未だ不十分です。この適応の主流化とは、関連する政策や計画、制度に気候変動の適応策

を組み込み、その連携によって適応策を効果的に実施していくことです。計画的適応は政府が社会のために実施する施策、自発的適応は個人が行う取組み、と区別されることもあります。

🌩 適応の取組み方

適応の取組み方は大きく、後悔の少ない対策や予防的な対策である「脆弱性・曝露低減型適応」、追加の対策による「増分型適応」、大きな変化を伴う「変革型適応」の３つに分けられます（表2-1）。「脆弱性・曝露低減型適応」とは、後悔の少ない対策の開発や推進、計画立案や実践を通じて対応を強化することです。現在、国内で広く取り組まれている適応がこれにあたります。「増分型適応」とは、ハザードの増加を見越して、既存の技術や制度、政策や価値の体系に必要な調整などを行うことで適応の活動を進めることです。例えば、より暑さに強いイネの品種改良、気候の変化を見越した作付け期の移動、より効果的なかんがい様式の導入などがあります。一方、「変革型適応」は、増分型適応よりも大規模で大きな目標に対応する対策となります。好機を活かす、あるいは既存の枠組みの限界に直面した際に、変革型適応を検討する必要が生じます。例えば、イネを品種改良するのではなく、コメから別の作物に収入源を変える、収入源を確保するために住居を移すなどが挙げられます。この変革型適応には、気候変動や適応、さらには自然と人間のシステムと気候変動や適応の関係に対する私たちの考え方や発想を変えることも含まれます。増分型適応では現在の状態を維持することを中心に検討されますが、変革型適応では今のままでは深刻な事態が不可避になることが予想される場合に、適応の効果を最大限活かすためにシステムの変化も含めた目標が定められます（8.2節「社会変動と気候変動」で詳述）。この２つの適応は、私たちが適応を進める際の方針や計画あるいは資金の配分などの検討の際の指針となります。最近の研究では、許容できないリスクを回避するには増分型適応では不十分となり、自然システムや人間システムを維持していくためには変革型適応を早急に検討しなくてはならない、という結果も示されたりしています。実際には、増分型と変革型を同時に検討することのほうが多く、両方を取り入れながら方針を決定するのがよいとされています。

表2-1 適応の取組み方と例

重複している取組	項目	事例
多くの後悔の少ない対策などの開発、計画立案および実践を通じた脆弱性と曝露の低減 ／ 追加のおよび変革的調整を含む適応 ／ 変革	人間開発	教育、栄養、保健施設、エネルギーへの利用可能性向上、安全な住宅・居住地の構造・社会支援構造:ジェンダー不平等・その他の形での周縁化の低減
	貧困緩和	地域資源の利用可能性・制御の向上:土地保有権:災害リスク軽減:社会的セーフティネット・社会的保護:保険制度
	生活保障	収入、資産・生計の多様化:インフラの改善:技術・意思決定に関する公開討論へのアクセス:意思決定力の増大:作物、家畜・水産養殖の慣行の変更:ソーシャルネットワークへの信頼
	災害リスクマネジメント	早期警戒情報システム:ハザード・脆弱性マッピング:水資源の多様化:排水施設の改良:洪水や低気圧に対する避難施設:建築基準法・実践:雨水、汚水の管理:運輸および道路インフラの改善
	生態系管理	湿地・都市緑地空間の維持:沿岸新規植林:流域・貯水池管理:生態系への他のストレス要因・生息地の断片化の低減:遺伝的多様性の維持:撹乱状況の操作:コミュニティベースの天然資源管理
	空間あるいは土地利用計画	適切な住居、インフラ・サービスの提供:洪水が起こりやすい地域・他のリスクが高い地域の開発管理:都市計画・改善計画:土地区画整理についての法律:地役権:保護区
	構造的／物理的	**工学的および建築環境上の選択肢**:防波堤・海岸保全施設:堤防:貯留施設:排水施設の改良:洪水や低気圧に対する避難施設:建築基準法・実践:雨水、汚水の管理:運輸および道路インフラの改善:水上住宅:発電所と電力グリッドの調整
		技術的選択肢:新たな作物・動物品種:先住民の知識、伝統的な知識・その土地の知識、技術・方法:効率的なかんがい:節水:海水淡水化:保全型農業:食品貯蔵・保管施設:ハザード・脆弱性マッピング・モニタリング:早期警戒情報システム:建物の断熱:機械的冷却・受動的冷却:技術開発、移転、普及
		生態系ベースの選択肢:生態回復・土壌保全:新規植林・再植林:マングローブ保全・再植林:緑のインフラ(例:日よけ用の木々、屋上緑化):乱獲のコントロール:漁業共同管理:生物種の移動・分散支援・生態学的回廊:種子バンク、遺伝子バンク・他の生息地外保全:コミュニティベースの天然資源管理
	制度的	**サービス**:社会的セーフティネット・社会的保護:フードバンク(困窮者用食料貯蔵配給所)・余剰食料の分配:水・衛生設備などの地方公共団体サービス:ワクチン接種プログラム:必要不可欠な公衆衛生サービス:救急医療サービスの強化
		経済面の選択肢:金融インセンティブ:保険:キャットボンド(大災害債権):生態系サービスへの支払い(PES):誰にでも提供し倹約的な利用を促すための水価格設定:マイクロファイナンス:災害非常予備基金:送金:官民パートナーシップ
		法および規制:土地区画整理の法律:建築基準と実践:地役権:水の規制・協定:災害リスク低減を支援する法律:保険購入を奨励する法律:財産権の定義・土地保有権の保障:保護地域:漁獲割当:特許プール・技術移転
		国家および政府の政策並びにプログラム:主流化を含む国家・地域の適応計画:準国家・地方の適応計画:経済の多様化:都市のアップグレードプログラム:地方公共団体の水管理プログラム:災害についての計画策定・備え:統合的水資源管理:総合沿岸域管理:生態系ベースの管理:コミュニティベースの適応
	社会的	**教育面の選択肢**:意識向上・教育への統合:教育における男女平等:市民大学:土地固有・伝統的・地域的知識の共有:参加型行動リサーチ:社会的学習:知識共有・学習プラットフォーム
		情報面の選択肢:ハザード・脆弱性マッピング:早期警戒情報・対応システム:体系的なモニタリング・リモートセンシング:気候サービス:先住民の気候観察の利用:参加型のシナリオ開発:総合評価
		行動面の選択肢:各世帯での備え・評価計画立案:移住:土壌・水の保全:雨天時の排水施設の流下能力確保:生計の多様化:作物、家畜・水産養殖の慣行の変更:ソーシャルネットワークへの信頼
	変化の領域	**実践面**:社会的・技術的革新、行動シフト、あるいは成果の大幅なシフトを生み出す制度的・経営的変化
		政治面:脆弱性・リスクを低減し、適応、緩和、持続可能な開発を支援することと整合性のある政治的、社会的、文化的、生態学的意思決定と行動
		個人面:気候変動への対応に影響を与える個人・集団の了解、信念、価値観、世界観

🌑 気候変動適応に必要な3つの能力

　気候変動適応は「現実の又は予想される気候およびその影響に対する調整の過程」といわれており、「危害を和らげ又は回避すること」を第一の目的として、気候変動の影響に脆弱な部分を強化したり、影響にさらされる部分を減らしたりする対策が必要になります。気候変動適応を推進するためには、3つの能力（対応能力、適応能力、変革能力）の構築や強化が必要です（図2-2）。自然界や人間社会はもともと厳しい条件に対応する能力を備えています。これを**対応能力**と呼び、IPCC WGII AR5 では、「人間や制度、組織やシステムが、**既存の技能や価値観、信念、資源や機会**を活かして、中長期における負の条件に対処し管理し克服する能力」と定義しています。また、**適応能力**は「将来の気候変動を見据えて、システムや制度、人類やその他の生物が、潜在的なダメージに対して調整したり、機会を活かしたり、気候変動の結果に対応したりすることができる能力」と定義されています。一方、**変革能力**は「持続可能な自然生態系や社会へと進化するための**新たな変化**を起

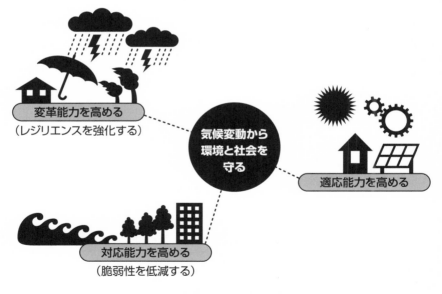

図2-2　気候変動適応で必要な3つの能力

こす能力」とみなされています。

　気象がもたらす様々な影響、例えば洪水や干ばつなどは、歴史上たびたび見られます。こうした影響の発現する頻度や強度は経験則で捉えられ、それに基づいた対策が実施されてきました。対策の実施過程では、財政力、技術開発力、人材育成力、知識獲得力、情報収集力、制度活用力などの様々な力量が必要になります。これら対策とそれを実現する力量を集積して構築されるのが対応能力です。この対応能力の上限を超えると気候変動影響に対して脆弱となるため、これを重要なしきい値とみなすことができます。対応能力は、取り組む主体がこれまで取ってきた対策の度合いによって異なります。また、対象となる主体の既存の力量すべてを使って対策を実施しているとは限りません。このため、既存の対応能力をしきい値の上限に近づけることで現在の重大な脆弱性への被害に備えることが第一の対策になり得ます。

　一方で、気候変動はこれまでの頻度や強度を超えるハザードを今後もたらすことが予測されており、現在の対応能力の限界を超えるかもしれません。このため、将来の気候変動を見据えて既存の対応能力の上限を超えた対策の実施やそのために必要な力量を高めることで適応能力を追加して、重大なしきい値を引き上げることにより、将来の脆弱性を低減することが重要です（図2-3）。適応能力では、気候変動を前向きに捉えて活用することも含まれる点も特徴的です。

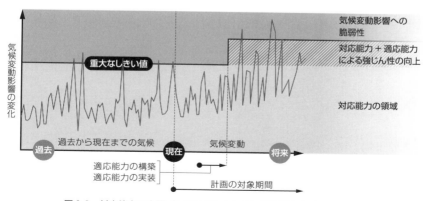

図 2-3　対応能力の上限（しきい値）としきい値を引き上げる適応能力

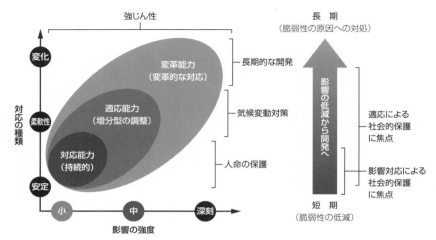

図 2-4 対応能力・適応能力・変革能力・強じん性の関係

　対応能力は既存のシステムを活用するため安定的ですが、適応能力は既存のシステムを調整する柔軟性が求められます。さらに、既存のシステムを十分に強化・活用しても対応しきれないほど重大な影響が見込まれる場合には、大きな変化を導くための変革能力が求められます（**図 2-4**）。

　図 2-4 に示す強じん性は一般的によく使われていますが、ラテン語の「resilire（はね返る）」が語源といわれ、困難なことからすばやく回復する能力を意味します。IPCC WGII AR5 では、「適応、学習および変革のための能力を維持しつつ、本質的な機能、アイデンティティおよび構造を維持する形で対応又は再編することで危険な事象又は傾向もしくは混乱に対処する、社会、経済および環境システムの能力」と定義されています。効果的な適応を進めるためには、これら 3 つの能力を強化することによって強じん性を長期的に高めることが重要です。

2.1.2　適応の必要性の把握

　適応とは、気候変動によって自然システムや人間社会が受ける影響への対策であると定義しました。では、適応の必要性はどのように決定すればいいのでしょうか。ここでは、IPCC が示す適応の必要性とその対象について紹

介します。

🌥 適応の必要性とは

　本書における「適応の必要性」とは、『気候変動が原因となって起こる事象と私たちが望む姿との差を表し、気候変動のもたらす負の影響に対する「差し迫った緊急性の高い取組みの必要性」を指す場合』と定義します。IPCC では、「気候による影響に対する人類の安全と資産の保全を確実にするために、情報、資源、活動などが必要となる状況」と定義しています。

　適応の必要性を考慮する際、これまで適応の必要性は気候変動影響とそれを軽減する方法に焦点を当て、リスクを中心とした検討が行われてきましたが、最近ではリスクの要因となる脆弱性を中心にどのような適応がどの程度必要かを考えられるようになってきました。

　IPCC WGII AR5 では、「生物物理と環境」、「社会」、「制度」、「民間事業者との連携」、「情報・能力・資源」の5つの視点で適応の必要性を検討することを示唆しています。

　例えば、気候変動は、生態系、生物多様性、遺伝資源や生態系サービスに変化をもたらしており、生態系が変化したり、地域あるいは世界規模での絶滅が起こったり、希少な遺伝子の組み合わせが完全に失われたりしています。こうしたシステムや資源を気候変動から保護する必要があります。このとき、生態系が深刻なしきい値を超えないよう適切に監視する適応の必要性が生じます。

　社会においては、グループや個人が持つ気候変動影響を低減したり管理したりできる能力によって、その影響に対する脆弱の度合いが異なってきます。このうち、適応の必要性が最も高いのは、気候変動影響に対して脆弱なグループといえます。脆弱性を決定する要因としては、性別や年齢、健康状態や社会的な地位、民族や階級などが挙げられます。特に貧困や格差は、気候に対する脆弱性を最も顕著に形成する要因とされています。例えば、気候変動の影響から室内気温が高くなったりすることで、高齢者や持病を抱える人などが精神的・身体的な疾患にかかったり、あるいは死に至るリスクが高まるとされています。このとき、社会が深刻なしきい値を超えないよう適切

に対策を講じる適応の必要性が生じます。

　社会での適応の必要性を把握し適切な施策を実施するためには、それが可能となる制度の必要性を把握し検討することも重要です。官民問わず様々な機関が、人間活動の調和を取るための規則や規範を構築していますが、こうした機関が適応を実装するために必要な環境を整えます。中央あるいは地方政府は適応を促進したり、様々なグループ（ステークホルダー）の強じん性を高めるために重要な役割を果たします。この中でも地方公共団体は最も重要な機関です。地方公共団体は、国際的あるいは国の適応の目標や政策取組みや投資を地域のコミュニティや市民団体、NPO などに繋ぐ役割を担います。また地方公共団体は、適応の取組みを主導し、機関内部での調整を行い、適応策を直接実装あるいは進行中の計画や施策において適応を主流化することなどによる適応の普及活動に重要な役割を果たします。このとき、組織が目指す目標を達成するための制度の必要性が生じます。

　気候変動下において社会が望ましい姿を実現するためには、民間事業者の活動における適応の必要性に留意することが求められます。このとき、次の3つの視点から検討することが大切です。第一に、内部でのリスクマネジメントです。これは、自社の利益を守るとともに、気候変動の影響下での供給網と市場の継続性のためにも重要です。第二に、地域の適応取組みにステークホルダーとして参画することです（5.2.3 項「ステークホルダーを把握する」を参照）。例えば、ニューヨーク市の気候変動委員会には様々なステークホルダーが参画していますが、これには民間企業からの代表団も含まれています。第三に、気候変動への適応が、事業者らにとって新しいビジネスチャンスであると捉えることです。規制や市場が未発達な場合はビジネスリスクが高い場合もありますが、保健医療、廃棄物や水管理、衛生、住宅、エネルギー、情報といった分野の担当府省庁や NGO と民間事業者とのパートナーシップを通じて、ビジネスチャンスが拡大する可能性があります。

　このような様々な適応の必要性を充足するための情報や技術や資源などの必要性も理解することが大切です。情報の分野では、国や地域または世界レベルで、適切な科学データや技術的なデータさらに社会経済のデータに加えて観測システムや情報共有の手段、モデルの構築能力の必要性が高まってい

ます。また、国や地域さらには世界レベルで、こうした情報サービスを提供する機関が設立されています。日本では、国立環境研究所が 2016 年に気候変動適応情報プラットフォーム（A-PLAT）を立ち上げ、適応策の検討などに必要な情報を提供しています。しかし、提供した情報をユーザーが効果的に利用できるとは限りません。よって、こうした情報はそれぞれの必要性に応じて調整したりわかりやすく解説する必要があるといわれています。また、科学的な知見は地域の知識と整合させることで、より効果的に利用できると指摘されています。

🌥 適応の不足

　現在の適応の状態と負の影響を回避する望ましい適応の姿との差を「適応の不足」と呼びます。適応の不足は、適応を効果的に進めるための制度が整わないことや、経済力または財務基盤が十分でないことが原因とされています。また、開発の遅れの一部であるとの見方をされることもあります。気候変動を抑制する緩和と気候変動に対する適応が進まない場合、この「適応の不足」が世界中で広がることが懸念されています。

　将来の気候変動に対する適応に関する能力を構築する際には、現在の適応の不足を減らしながら、将来のリスクに備えつつ適応策を設計することが重要です。適応の不足が埋められない場合、現在でも将来においても、気候変

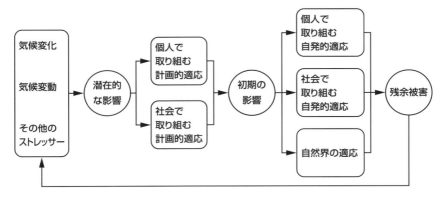

図 2-5　適応の不足

動によるダメージが残ることが懸念されています（図2-5）。

　適応の不足は、現在または将来の気候に対して適応が十分でない場合に発生する「残余被害」にも関係します。IPCC WGII AR5 では、残余被害を「影響に適応できない場合や、高額の費用がかかる場合、適応に対する障壁がある場合などの理由によって、適応を実施した後に残る影響のことを指す」としています。また、緩和と適応に関して様々なシナリオで検討した場合でも、ある程度の残余被害によるリスクは避けられないと指摘しています。図2-5 では、5種類の適応が「潜在的な影響」と「初期の影響」に対して時間を隔てて実施され、適応が不足することで残余被害が生じる関係を示しています。気候変動に適応するにはこれら適応の不足を埋める必要があり、そのための適応に関する能力の向上が求められます。

2.1.3　適応の諸課題

　適応の取組み方は多種多様であることを紹介しました。適応の難しい点は、気候変動の影響は、将来のいつ頃どのような形で生じるかを正確に知ることができないことにあります。このため、取組み方によっては意図しない結果につながりかねません。ここでは、適応を検討する際に留意すべき課題について解説します。

🌩 不適応（よくない適応）

　適応は、場合によっては望ましくない結果を意図せずもたらすこともあるため注意が必要です。IPCC WGII AR5 では、不適応（よくない適応）を「現在あるいは将来において、気候に起因する負の結果によるリスクや気候変動に対する脆弱性の増幅、福祉の低下につながる活動」と定義しています。不適応は、（1）適応の取組みにより GHG 排出量が増える、（2）ある地域や分野の適応が進むことで、他の地域や分野の脆弱性が増す、（3）適応の取組みをすることで社会や経済、環境で犠牲になるものが発生する、（4）必要以上に外部に依存したり、制度や規制を都合よく修正して超過利潤を得る活動を助長したり、適応の動機を阻害したりする、（5）過去の経緯や歴史により偶然決まった制度や仕組に縛られた経路に依存する開発、の5つの

表 2-2 不適応の例

不適応な活動の種類
将来の気候予測の失敗。将来気候に対して不十分である大規模工事計画 適応問題の即時解決のために再生不可能資源（例：地下水）の集中利用
EBA（Ecosystem-based adaptation）※などの代替手段を排除してしまう設計による防護 　※気候変動の悪影響に適応するのを助けるために、全体的な適応戦略の一部としての生物多様性や生態系の 　サービスを使用すること
広範囲での影響を考慮していない適応行動
より多くの情報の取得タイミングが不適切であり、最終的に行動が早すぎたり、遅すぎたりする シナリオ計画や適応管理を用いるよりも、より良い「将来見通し」を待っている
早急な適応行動のために、長期的な利益を考慮しない 自然資本を消耗することでさらに深刻な脆弱性を招いてしまう
ある道筋への依存に固執することは、道筋の修正を困難にし、多くの場合、その修正は遅きに失する
不可避の事後的な不適応策（例：将来的に移転が必要な灌漑設備の拡大）
モラルハザード（例：保険、社会保障網や援助のバックアップなどに基づき、不適切なリスクを負うことを助長）
現地の関係、伝統、伝統的知識や財産権を考慮しておらず、結果的に失敗に終わる適応策
ある特定のグループだけに直接的・間接的な利益をもたらし、他のグループ間での決裂や衝突を招いてしまう 適応策
すでに適切ではなくなった伝統的な対応の継続利用
内容や個人によって適応・不適応・または両方の結果が予測される移住

観点から考えなくてはなりません。具体的な事例を**表 2-2** に示します。

　５つの観点に加えて、適応策実践の失敗に繋がる不適応も考えなくてはなりません。適応を促進したり脆弱性の低減を目的とした施策が失敗したとき、つまり適応策の実践に失敗したときに、その政策を行ったことで脆弱性がかえって高まったり、強じん性が損なわれてしまった場合、この政策は不適応につながる、とみなされます。すなわち不適応は、様々な要因に加えて場所や時間的な側面があるため、適応策を検討する場合には、事前に、（1）施策の対象となるものや地域が、気候変動の影響にさらされることが増えたり、影響への感受性が高まったり、適応に関する能力が低下したりすること、（2）適応策が及ぼす負の影響が、その施策の対象としていなかったものへ伝達すること、（3）持続可能な開発の縮小（コモンプール問題／共有財の問題）といった施策の負の影響、が生じる可能性がないか検証することが重要です。

　不適応を回避するためには、適応計画を立てる際に科学的な情報の分析が

不可欠です。将来リスクへの投資が適応に関する能力の向上につながるか、複数の妥当なシナリオ下で正当な投資であるかを検討しておくことが、後悔の少ない対策につながります。このような事前の検討が長期的な社会のニーズに貢献するために必要です。

☁ 適応の機会と制約

　適応の機会とは、適応の取組みに関する計画とその実装を容易にする要因を指します。適応の機会は適応の選択肢を広げ、緩和策と組み合わせることでより有益になるコ・ベネフィットを提供するとされています。適応の機会によって、取組みが確実に目的を果たしたり、自然システムが生産性や機能を保持したりする能力を高めることができます。一方、適応の取組みに関する計画や実装を阻む要因を、適応の制約と呼びます。適応の制約は適応の取組みの目的に必要な適応の選択肢の幅を狭めたりその効果を制限したりします。

☁ 適応の限界

　適応の限界とは、適応の取組みを行ったとしても、私たちや社会の目的と価値を気候変動がもたらすリスクから守り、自然生態系のおもな性質や構成要素、また自然サービスなどの喪失を防ぐことが難しくなることなど、許容範囲を超えるリスクから守れない状態があることを意味します。限界をつくり出す状況には「変化が表れる境界線であるしきい値を超える状態」、「気候が短期間に地球規模である状態から別の状態へと遷移するレジームシフトの生起」、「少しずつの変化が急激な変化に変わってしまう転換期（ティッピングポイント）の超過」、「気候変動の主要なリスクとして IPCC がまとめた5つの懸念材料の発現：(1) 大きな脅威にさらされる地域の生態系や文化などの固有のシステム、(2) 極端な異常気象、(3) 地域的・社会的なリスクの偏在、(4) 全球総体のリスク (5) 急激で不可逆的な物理システムや生態系の大規模な変化」、「地球の限界の超過」、などが挙げられます。

　この適応の限界には2種類あります。1つは、「ハードな適応限界」と呼ばれ、許容範囲を超えるリスクを回避する適応の取組みがない場合を示しま

す。例えば、南極の氷床が溶けることに対する対策など、地球システムの物理的なしきい値によって起こる場合などを含みます。もう1つは「ソフトな適応限界」と呼ばれ、「現時点での適応策」がない場合を示します。このソフトな適応限界に対しては、私たちの態度や価値観の変化、技術革新や資源の投資によって、解決できることもあります。例えば、アラスカでは沿岸が浸食されているため、住み続けることが困難になってきていますが、この村の資金源は限られているので、彼らにとっての適応策である「移住」の可否は、米国州政府の支援にかかっています。このように、空間、時間、あるいは行政の管轄の範囲や官民の関係なども、適応の限界に大きく関わっています。

気候変動への適応の取組みは、私たちが影響を受けた後に自発的に取り組む場合もありますが、将来の気候変動が避けられないといわれている今、計画的に進めなくてはなりません。このとき、既存の対策や制度を補強することから始まりますが（脆弱性・曝露低減型適応）、それだけでは足りない場合には「増分型適応」を検討しなくてはならず、さらに、気候変動の影響が表れる形や大きさによっては、社会に変革を求められる場合（変革型適応）もあることも考えておかなくてはなりません。

また、気候変動の影響は時間とともに変化するため、どのように適応していくかを早期にかつ反復して検討することで、長期的に適応の不足を減らしながら適応の機会を広げて適応の選択肢を増やし、強じんで持続可能な社会を構築する可能性を高めることができます。

2.2　適応策の選択と種類

2.2.1　リスクに応じた適応策の選択

リスクと適応の必要性の把握が、適応策を選択する際の根拠となります（2.1.2項「適応の必要性の把握」を参照）。リスクに応じて適応策を選ぶこととその優先順位をつけることは、地域のリソースや能力や裁量権が不十分であることなどにより、すべての適応策が選択可能とならないことからも重

要です。また、適応策を検討する際に、楽観的な将来予測に基づき予測の幅を狭めてしまうと、特定の適応策を排除することとなり、結果、不適応となる場合もあります。適応策の選択の妥当性は、反復的なプロセスで確認することが第一であることを念頭に置きつつも、時間スケールや想定する将来の気候も根拠とすることもあり得ます。

　適応策を選択するための体系的な手法がいろいろと開発されています。具体的には、不確実性のある中での意思決定を支援する方法や、ステークホルダーを巻き込むために適応に関する取組みを周知するためのコミュニケーションに関する手法、また、適応策の計画と進捗確認に必要なモニタリングを支援するツール、などが挙げられます。しかし、適応策を選ぶための定量的なアプローチやその他の体系的なアプローチには、多くの利点があるものの限界もあります。例えば、こうした手法の多くはリーダーシップや制度、リソースや制約といった重要な要因を幅広く検討していない場合が多く見られます。適応が注目され始めた当初は、最小限の費用で既存のシステムを維持しつつ何らかの効果を狙う適応策が中心でした。現在は、後悔のないもしくは後悔の少ない、あるいはウィン・ウィン（Win-Win）の選択肢を導くことができるとして、リスクマネジメントの手法が適応の取組みを検討する際に活用されています。

2.2.2　適応策の種類

　適応策の種類は多岐にわたり、幅広い適応策を分類化する方法は数多くあるため、普遍的に受け入れられる方法というものはありませんが、本書では次の3分類を紹介します（表2-3）。**①構造的／物理的な適応策、②社会的な適応策、③制度的な適応策。**

　分類の目的は、分野やステークホルダーごとに多様な適応策を考慮することにあります。国家、分野別あるいは地域ごとの適応計画では、構造的、社会的、制度的といった幅広い分類から実装する適応策を複合的に取り入れることが重要です。このとき、適応策の選択肢の中には、相互に関連するものもあります。例えば早期警報システムは、今後増えると予測されている自然災害に対して有効な適応策ですが、「効果的な警報システムは、観測データ

表 2-3 適応策の分類と例

分 類		適応策の例
構造的・物理的な適応策	工学・建築環境	防潮堤と護岸構造；堤防と排水溝；貯水槽と揚水；下水管；排水溝の改善；養浜；洪水やサイクロンのシェルター；建築基準；雨水や汚水の管理；交通輸送インフラの適応；フローティングハウス；発電所の調整と電力供給網
	技術	新種の穀物や動物；伝統的な技術や手法；効率的な灌漑；節水技術（雨水貯水を含む）；保全農業、食品貯蔵と保存の促進；ハザードマッピングとモニタリング技術；早期警報システムなどの ICT 技術；建築用断熱；機械的冷却や受動的冷却；再生可能エネルギー技術；第二世代バイオ燃料
	エコシステムベース	湿地保全と濫源保全と復元；生物多様性の拡大；植林と森林再生；マングローブ林の保全と補植；山火事の低減と野焼き；グリーンインフラ（木陰、屋上緑化）；乱獲の管理；漁業共同管理；支援型移動あるいは管理型移転；緑の回廊；生息域外保全；シードバンク；コミュニティベース型天然資源管理；順応的な土地利用管理
	サービス	社会的セーフティネットや社会保障；フードバンクや余剰食糧の分配；水や衛生を含む地方公共団体のサービス；予防接種プログラム；生殖保健を含む基本的な地域保健サービスや緊急医療サービスの拡充；国際取引
社会的な適応策	教育	普及啓発や教育への統合；教育における男女平等；往診やホームケア；適応計画への統合を含む地域と伝統的な知識の共有；実践的な活動の研究と社会的学習；コミュニティ調査；知識の共有と学習型プラットフォーム；国際会合と研究ネットワーク；メディアを通じたコミュニケーション
	情報	ハザードや脆弱性のマッピング；健康上の早期警報システムを含む早期警報と対応システム；計画的なモニタリングとリモートセンシング；予報の向上を含む気候サービス；ダウンスケールした気候シナリオ；縦断的データセット；土地に根差した気候観測の統合；地域主導型貧困地区改善を含むコミュニティベースの適応計画と参加型シナリオ開発
	行動	住居；家庭での備えと避難計画；健康と関連する後退と移動；土壌と水の保全；生計の多様化；家畜や養殖の変更；穀物の切り替え；作付け、作付け様式、作付け日の変更；造林；ソーシャルネットワークへの信頼性
制度上の適応策	経済	税金や補助金を含む経済的なインセンティブ；インデックス・ベースの気候保険スキームを含む保険；カタストロフィ・ボンド；回転資金；生態系サービスへの支払い；水道料金；貯蓄階級；マイクロファイナンス；災害に対する非常準備金
	法と規制	土地区画整理法；建築基準；地役権；水に関する規制や協定；防災リスク低減に関する法律；保険購入促進に関する法律；所有権や土地保有の保障；保護区；海洋保護区；漁獲可能量；パテントプールや技術移転
	政府の方針と取組み	気候変動の主流化を含む国あるいは地域適応計画；州あるいは都道府県の適応計画；都市再生プログラム；地方公共団体の水管理プログラム；防災計画と備え；市レベルの計画；地区レベルの計画；水資源管理を含む分野別計画；景観と流域管理；持続可能な森林管理；漁業管理とコミュニティベースの適応

注：これらの適応策の選択肢は個別に検討するよりも重複して考えるほうが望ましく、適応計画の一部で同時に検討するのが良い。上記の例は2つ以上の分類に関連する場合がある。

のオープンで自由、かつ無制限の交換という原則を守り、警報が出された場合に発動できる効果的な対応計画の策定を確実にするような地域協力があって初めて実現します」といわれるように、警報を伝達するシステム（無線やインターネットなど）とあわせて、行政が適時的確な情報を発信する制度や計画を用意することが重要です。

　適応には制約や限界があるので、適応の必要性がすべて満たされることはなく、すべての適応策が実現できるわけではありません。さらに、適応の必要性をすべて満たす適応策があるわけでもありません。例えば、海域システムにおける幅広い影響に対する適応策は、現状ではほとんど開発されていない状況です。

　適切な適応策を選ぶことは容易ではありません。この理由の1つは、気候変動とその影響の速度、それらの不確実性、累積的な気候変動影響が未だ十分に明らかになっていないためです。また、適応策を検討する際にはどうしても楽観的な将来予測に基づきがちであるといわれています。また、適応の考え方や適応の必要性によって、適応の選択肢も変わってきます。

①**構造的／物理的な適応策**　構造的／物理的な適応策には、工学・建築環境や技術の応用、生態系を基本にした対策や公共サービスなどで提供されるものがあります。工学分野の適応策の多くは、大規模で非常に複雑です。気象災害管理や汚水管理（内陸と沿岸）、水防や防波堤、既存インフラの風水害への強じん性向上、養浜や建物の改築といった工学的な適応策の多くは、すでにある計画や構造を拡張したり改善したりすることで、適応策に応用可能です。

　気候リスクを初期設計に組み込む場合も見られるようになりました。例えば、青海チベット鉄道（青蔵鉄道）は永久凍土の上を線路が走っていますが、将来は気温上昇により永久凍土が不安定になることを見越して、設計段階から線路を安定させるために、多くの適応策が検討されました。
　また、近年の技術は、工学的な構造の適応策と組み合わされて、多方面で応用されています。例えば農業分野では、効率的なかんがい技術や施肥法、

干ばつに強い作物育種、予測収量に基づいた作付けといった対策などが挙げられます。

　携帯電話やインターネットのような、情報通信技術（ICT）が急速に普及するにつれ、予想を超えた速さで情報が生まれ共有されており、コミュニケーションの可能性を広げています。ICTにより、天気予報や警報、市場情報や情報共有、アドバイスを提供するサービスといった気候変動適応に関連する情報が、政府、関係機関から地方公共団体や住民へ提供できる環境が整いつつあります。もちろん、ICTの応用が今後どのように発展するかを予見することは難しく、ICT自体が万能薬ではないため、その他の社会的行動に組み込まれることが最も効果的な応用方法だとも指摘されています。

🌰 生態系を基本とした適応のアプローチ

　生態系（エコシステム）を基本とした適応（Eco-system based adaptation：EBA）は、「生物多様性と生態系サービスを全体的な適応戦略の一部に使うことで、気候変動の悪影響に人々が適応するのを助ける」と定義されており、生物多様性と生態系サービスの利用を気候変動適応の戦略に取り込むものです。EBAは、持続可能な天然資源の管理や生態系の保全と回復を通じて実装され、気候変動への適応を促進する持続的なサービスを提供します。EBAに着手する際には、地域コミュニティに対して社会的、経済的、文化的なコ・ベネフィットとなるよう複合的に考慮する必要があります。

　EBAは工学的なインフラやその他の技術的アプローチと組み合わせたり、あるいはその代替として用いられます（図2-6）。ダムや防波堤、堤防といった工学的な防護手段は生物多様性に負の影響を与え、場合によっては、生態系が管理するサービスを損傷することにより不適応となることも考えられます。生態系サービスの回復と活用は、工学的な解決策の必要性を低減したり導入を遅らせたりする場合もあり得ます。EBAは予期しない環境変化に対して柔軟で順応的なため、工学的な解決策よりも不適応のリスクが低いとされています。よって、EBAをうまく実装すれば、物理工学的な組み合わせを伴わないアプローチよりも費用対効果が高く、持続可能にすることも可能です。特に、EBAが健全な生態系管理のアプローチと統合された場合には、

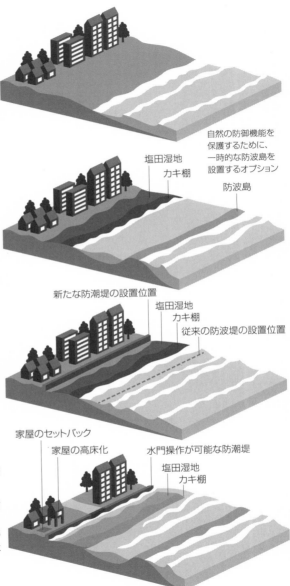

最低限の防御

多くのコミュニティは、海岸線に沿って発展してきたが、コミュニティと海との間には、小さな縞状の浜が存在し、最低限の自然の防御になっている。

自然型

暴風および沿岸洪水に対する保護の役目を果たす生息環境には、塩性湿地、サンゴ礁、マングローブ、カキ棚、砂丘、海草、防波島が含まれる。生息環境の組み合わせは、より強度のある保護のために用いられる。コミュニティは、カキ棚、塩性湿地の先に防波島を復元するか、造ることができる。

管理された再配置

自然インフラは、構造物を保護するために利用されることもある。それは、インフラ建造物の耐用年数がより長くなり、さらなる暴風保護の便益を供給できるようにするためである。管理された再配置によりコミュニティは、防潮堤を内陸側にセットバックし、結果として自然インフラが海の端と護岸の間に形成できるようになった。

ハイブリッド型

ハイブリッド型アプローチでは、可動式防潮堤や洪水ゲートなどの特定のインフラ建造物が、塩性湿地やカキ棚等の復元あるいは造られた自然インフラと一緒に設置される。

図 2-6 生態系を基本としたアプローチ
（自然インフラ、管理された再配置、ハイブリッド型方法を含む護岸の事例）

SDGs（例：貧困の低減、持続可能な環境管理や緩和の目的など）に貢献することもあります。EBA は経済的、社会的、環境的なコ・ベネフィットを生態学的財やサービスの形で生み出します。

　EBA は開発途上国でも先進国でも導入できます。生態系サービスに経済的に直接依存している開発途上国では、EBA は気候変動影響のリスク低減に対するアプローチが非常に有用となる場合があり、開発が気候変動にレジリエントな経路をたどれるようになることもあります。EBA プロジェクトは、コミュニティベースの適応や天然資源管理のアプローチといった既存のイニシアチブを拡充することで対応できる場合があります。

　EBA の活用は、その他のアプローチと同様にリスクがないわけではありません。例えば、効果を検証するには時間がかかるので、EBA を持続可能な適応策とするためには長期的な投資や計画を見据える必要があります。また、EBA の実践例は多くなく、その取組みは始まったばかりのため、リスクと利点を現時点で包括的に評価できない可能性があります。EBA はまだ開発途上のコンセプトであるものの、工学的な取組みや社会の変化に基づいた適応策の選択と合わせて検討し、EBA の効果的活用を理解するために、既存の事例や新規事例を活用することが望まれます。

🐟 従来のインフラ（グレー）とブルー・グリーンインフラの違い

　世界中でインフラの老朽化が問題となっています。改修時に特に都市部では気候変動適応を取り入れたインフラの設計が検討されています。都市やシステムのレジリエンスに貢献しながら、適応における生態系サービスの役割を活かしつつ緩和も促進する、グリーン（緑化）やブルー（水）のインフラを検討する都市もあります。カナダのトロントの気候変動計画にはブルー・グリーンインフラストラクチャが取り入れられています。

グレーインフラ：従来の単一の目的のために設計された建造物。例えば、洪水対策としての堤防など

ブルーインフラ：自然が残るエリアと水辺や緑化スペースなど生態系サービスを提供する半自然エリアを結びつけるよう計画的に設計された区画

グリーンインフラ：健全な生態系ネットワークの多くは、既存の「グレー」

図 2-7　EU が進めるグリーンインフラを活用した都市づくり

　インフラの代替となり、市民や生物多様性の双方に多くの恩恵をもたらす。EU では、自然をベースにしたグリーンインフラ策を促進している（図 2-7）。

　建造物に対する大掛かりな投資が、沿岸域における気候リスクに対する対策として行われています。こうした建造物による対策を、グレーインフラと呼んでいます。護岸堤防、防砂堤、桟橋、防波堤、隔壁、埠頭などがあります。既存の建造物は、予測された海面上昇の速度に対応するよう強化されていません。一方、ロンドンのテムズ川やオランダのロッテルダム市は、将来の海面上昇を考慮した高水位に対応する防潮堤を建設しています。

　ブルーやグリーンインフラは、自然が環境的、経済的、社会的恩恵を提供し、建設費と維持費の高い「グレー」インフラへの依存を低減することが期待できるため推奨されています。ブルーインフラは、戦略的に計画された自然・半自然空間のネットワークに、水の浄化や、空気の清浄、レクリエーションの広場や気候変動の緩和と適応といった、幅広い生態系サービスを提供するように環境特性を設計して管理したものです。オランダでは、20 世

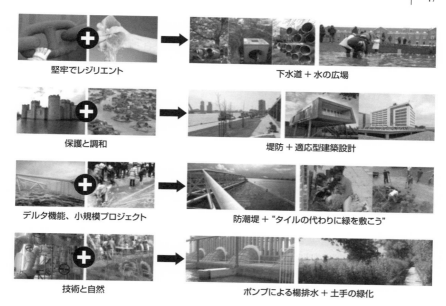

堅牢でレジリエント

下水道 + 水の広場

保護と調和

堤防 + 適応型建築設計

デルタ機能、小規模プロジェクト

防潮堤 + "タイルの代わりに緑を敷こう"

技術と自然

ポンプによる揚排水 + 土手の緑化

図 2-8　ロッテルダムの都市設計

紀後半に沿岸域の保護のため、大掛かりな建設が行われました。21 世紀に
かけて、オランダ国内を洪水から守るための野心的な計画に、オランダの年
間 GDP の 0.5％にあたる 25 億から 31 億ユーロが年間で投入されています。
この計画は、既存の規範を転換（パラダイムシフト）するもので、沿岸保護
が既存の工学的構造により自然の力と「戦う」だけでなく、「自然との共存」
として、「川の余地」を提供しています。なかでも町のほとんどが海抜より
低い地域に位置しているロッテルダム市では、大きな洪水被害が過去に何度
も発生しています。気候変動による海面上昇により被害拡大が予測される
中、将来の対策として従来のグレーインフラである防潮堤のみに依存するの
ではなく、都市設計により増水分を管理し被害を低減するブルーインフラも
並行して導入しています（図 2-8）。

🌩 サービスとしての適応策

　物理的に提供されるサービスとしての適応策に、公的サービスが挙げられ

ます。例えばもっとも脆弱な人々を支援する1つの方法として、社会的セーフティネットがあります。洪水や干ばつといった異常気象により生計が成り立たなくなったことから起こる子どもの栄養失調問題への対応は、セーフティネットが気候変動適応となり得ることを示しています。

　地域レベルでは、基本的なサービス（水道、衛生、廃棄物処理、電気、雨水排水や道路管理、公共交通機関など）に関連するインフラが、適応に関する能力の向上と統合できます。交通網やサプライチェーンは気候による障害に脆弱とされています。住宅供給は特に重要です。これは、気温と降水量のパターンが変わることで、住民の居住性と安定性が変わるとともに、自然災害の頻度と強度が増すことで、居住地や家屋のリスクが大きくなります。人々を移住させることが適応策の1つではあるものの、現状を改善するほうが高い費用対効果を得られるという意見もあります。

②社会的な適応策　気候変動に対して特に脆弱で不利な立場にあるグループあるいはコミュニティを対象にした適応策が複数ありますが、これらは脆弱性と社会的な不平等を低減することも狙いとしています。こうしたコミュニティに基盤をおいた適応への取組み（Community Based Adaptation：CBA）では、地域が主導となって適応策を考えて実装します。この取組みでは、地域の人たちの気候変動のリスクに対する適応に関する能力向上を目的としています。CBAは、地域のコミュニティを中心に関係するステークホルダーすべてが積極的に適応に関する活動に参画して進める、いわゆるボトムアップ形式で行われ、分野や制度を超えた実践から学ぶ取組みです。CBAでは、参画者の合意に基づいて地域の適応のニーズと必要な活動を把握します。これには、地域の脆弱性を特定して評価し、必要な適応策を選択する作業も含まれます（図2-9）。CBAは開発途上国で活発に行われていますが、先進国の中のコミュニティでもこのやり方を採用しているところもあります。

　社会的な適応策では、意識の啓発や普及、アウトリーチ、コミュニティ・ミーティングやその他の教育的プログラムが、適応策の選択に関する知識を

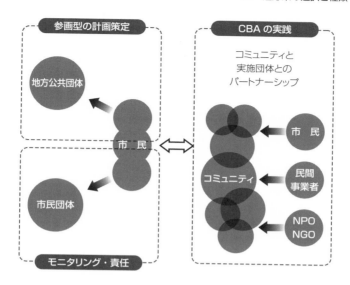

図 2-9 コミュニティベースの適応の実装方法：市民と協働した計画策定・モニタリング・実践

広める役割として重要です。また教育は、社会のレジリエンスにとって重要な社会資本の構築支援といった役割からも重要です。このことから、教育は対話とネットワークを促進する公共財とみなすことができ、個人レベルでも社会システムレベルにおいてもレジリエンスを高めることができます。また、研究のパートナーシップやネットワークは、個人が集まった小さなグループから大きな組織規模のすべてのレベルで、知識の共有と普及啓発を促進できます。適応におけるコミュニケーションと対話で重要なことは、情報が双方向に伝わることです。例えば、アメリカのメリーランドでは、半日のロールプレイング形式のワークショップが開催され、地元の人たちと地域や州のおもな専門家や計画策定者が、海面上昇やその他の沿岸での影響に対する備えや計画を検討するのに役立ちました。

　適応行動は、政府のインセンティブ付与が有効です。例えば、雨水を下水道にゆっくり流して洪水をおさえるために、アメリカの多くの都市で「あなたの家の樋をはずそう」キャンペーンを実施して、各家庭の屋根からの雨水をタンクや湿地に流すように促しました。このプログラムでは各家庭に情報

を配信するのと合わせて、いくつかの州では業者に割戻金を給付することになっています。

③制度的な適応策　制度的な方法の多くが適応を促進させます。これには、税、補助金や保険といった経済的な制度から社会的政策や規制などがあります。また、保護区や建築規制、再区画といった法律や規制や計画などが、強じん性を高めるような土地利用の設計などにより、ハザードが起こりやすいコミュニティの安全性を向上させます。

　　沿岸域では海面上昇に伴って災害リスクが大きくなることが予測されていますが、護岸壁の建設などのような工学的な対策には様々な限界があります。このため、既存の制度や計画に適応を主流化させてソフト面での対策を効果的に実施する取組みが国内でも始まっています。国土交通省では、避難・土地利用、沿岸域での防災や減災対策を担う行政部門や地方公共団体が民間事業者や住民と連携して海岸の環境整備や保全などを実施し、総合的かつ効果的な施策を展開することが不可欠としています。

2.2.3　社会の中での適応

　適応に関する意思決定には、制度内の道徳的基準に基づいた判断が必要です。様々な制約下でステークホルダーとともに気候リスクに対処するリスクガバナンスにとって、道徳的な判断は重要です。地元の知識や多様なステークホルダーの見解、価値、期待は、意思決定の過程で信頼を築くための基礎となります。

　気候変動への適応に関するすべての決定事項は不確実性に左右されること、また、決定が価値のあるものを対象にしていることから、すべての決定にはリスクが関係すると考えられます。IPCC WGII AR4 では、気候変動影響、適応、脆弱性の評価に関する決定を支えるフレームワークとして反復的なリスクマネジメントが適当であるとしていますが、これは、リスクに対応し、ステークホルダーを巻き込み、行政の対応策を把握し、この対応を評価する方法を形成するからです。

重大なリスクの背景となる科学的見解を受け入れられるかは、社会や文化の価値観や信念に大きく影響されます。リスクが受容できるかどうかは、ハザードに起因する事象が物理的、社会的あるいは制度的または文化的なプロセスに影響を与える際に、個人や社会がそのリスクを大きいとみるか、あるいは小さいと捉えるかによって変わってきます。メディアはリスクの計算結果や見解を伝達するのに重要な役割を果たし、時には決定的な影響を与えることもあります。

適応活動に関する制約を取り除くためには、こうしたリスクが、個人あるいはコミュニティレベルでどのように受け止められるかを把握することが有効です。科学は対象分野のリスクを算出するのに適しており、他のどの手法よりも正確にリスクを見積もることができます。しかし、何がリスクにさらされるのかを検討する場合には、ステークホルダーの理解が必要です。よって、科学は常に幅広い社会的環境に囲まれており、科学的なリスクの判断と政策的なリスクの判断が、別々よりもむしろ一緒に検討されるような系統的な手法が必要となります。

様々なステークホルダーのグループや個人には、それぞれの目的に応じた適応の必要性と脆弱性があります。適応に関する能力を高めるためには、既存の制度の頑強さが多様なステークホルダーのニーズにどれほど応えられるかを把握することと合わせて、適応に関する決定や取組みにステークホルダーが関わるようにすることが重要です。また、参加型の脆弱性評価では、ステークホルダーを巻き込むことが不適応を回避するきっかけになります。

リスクにさらされるコミュニティが透明性と信頼に基づいて建設的に連携することにより、適応策の選択とその実装がより促進されることが明らかとなっています。適応は主観的な性質を持つので、ステークホルダーを巻き込むことで、適応が求められる分野に関係するコミュニティの優先することや期待に関する貴重な情報を収集することができます。

適応に関する研究や実践が進むにつれ、気候変動が社会に与える様々なリスクに応じた適応策決定と順序の指針の重要性に関する検討が多くなされてきました。すべての適応に関するプログラムが、様々な検討事項に完全に合致するのは困難です。これは、幅広い社会的あるいは開発上のゴールに適応

が統合されることが増えてきたためです。

　気候変動への適応ではなくとも、その他の要因で促進される変化や開発の結果、脆弱性の低減や、レジリエンスの拡張、あるいは福祉の拡大などがコ・ベネフィットとなることがよくあります。そのため、気候変動の特定の側面に特化した適応に注目するよりは、気候変動を幅広い政策や民間事業者の取組みの中で主流化することが重要です（**図 2-10**）。

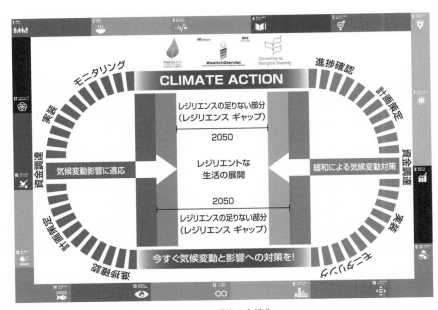

図 2-10　適応の主流化

第 **3** 章

気候変動適応法と国の適応計画

3.1 　気候変動適応法ができるまで

🌧 気候変動適応法成立までの経緯・施行までの動き

　気候変動適応法（以下、適応法）は平成 30 年 2 月 20 日に閣議決定されました。その後、国会に提出された本法案は衆議院・参議院いずれも全会一致で可決され、同年 7 月 20 日に公布、12 月 1 日に施行されました。適応法が施行されるまでの経緯について**表 3-1** を基に解説します。

表 3-1　気候変動適応法施行までの経緯

「気候変動影響評価報告書（中央環境審議会意見具申）」取りまとめ（平成 27 年 3 月）

「気候変動の影響への適応計画」の閣議決定（平成 27 年 11 月 27 日）
- ・各分野（①農林水産業、②水環境・水資源、③自然生態系、④自然災害、⑤健康、⑥産業・経済活動、⑦国民生活）における適応策の推進
- **・気候変動適応情報プラットフォーム**（国立環境研究所が運営）の構築（平成 28 年 8 月）
- **・地域適応コンソーシアム事業の開始**（平成 29 年 7 月）
- **・適応計画のフォローアップ報告書の取りまとめ**（平成 29 年 10 月）

適応策の法制化に向けた検討
- ・国会における議論…気候変動の影響への適応計画の早期の法定計画化
- ・地方公共団体からの要望…地方公共団体の適応策に係る計画策定の法定化
- ・政府における検討（関係府省庁連絡会議、地方公共団体・中央環境審議会意見聴取）

「**気候変動適応法案**」の閣議決定（平成 30 年 2 月 20 日）

「**気候変動適応法**」の公布（平成 30 年 6 月 13 日）

「気候変動の影響への適応計画」の平成 29 年度施策フォローアップ報告書（平成 30 年 9 月 10 日）

「**気候変動適応計画**」閣議決定（平成 30 年 11 月 27 日）

地域気候変動適応計画策定マニュアル発行（平成 30 年 11 月 30 日）

「**気候変動適応法**」施行通知（平成 30 年 11 月 30 日）

「**気候変動適応法**」施行（平成 30 年 12 月 1 日）

　最初の取組みは、平成 25 年 7 月に中央環境審議会地球環境部会の下に設置された気候変動影響評価等小委員会における影響評価でした。ここでは、日本において懸念される気候変動影響について、農業・林業・水産業、水環境・水資源、自然災害・沿岸域、自然生態系、健康、産業・経済活動、国民生活・都市生活の 7 つの分野（以下、影響 7 分野）、30 の大項目、56 の小項目を特定しました。また、それらに対して科学的知見に基づき、重大性(気候変動は日本にどのような影響を与え得るのか、また、その影響の程度、可能性等)、緊急性（影響の発現時期や適応の着手・重要な意思決定が必要な時期）および確信度（情報の確からしさ）の観点から評価を行っています。その結果は、平成 27 年 3 月に中央環境審議会により「日本における気候変動による影響の評価に関する報告と今後の課題について」（以下、「気候変動影響評価報告書」）として取りまとめられ、環境大臣に意見具申がなされました。これを受け、平成 27 年 11 月、「気候変動の影響への適応計画」（以下、「平成 27 年適応計画」）が閣議決定されました。

　平成 28 年 8 月に、気候変動適応に関する情報基盤として、関係府省庁の連携により「気候変動適応情報プラットフォーム（以下、A-PLAT)」が構築され、国立研究開発法人国立環境研究所(以下、「国立環境研究所」という。)が開発・運営を開始しています。これは 2010 年度から 5 年間実施された、28 機関の共同研究による、都道府県や市町村レベルでのモニタリング手法を開発し、都道府県レベルでの温暖化影響を把握するための研究プロジェクト「環境研究総合推進費 S-8」の科学的知見である、様々な分野における将来の気候変動影響を予測した研究成果の提供を目的として開発されたものに端に発するものでした。

　さらに、平成 29 年 7 月に、関係府省庁連携のもと、環境省主導の「地域適応コンソーシアム事業」が開始され、全国 6 ブロックに設置された地域協議会において、国の地方行政機関、都道府県・政令指定都市、有識者、地域の研究機関等が参画のもと、各地域の気候変動影響および適応に関する関係者間の情報共有や連携も推進されています。

　このように段階的に適応に関する取組みが進展していく中で、適応策の有効性や、さらなる推進の必要性について関係者の理解が深まってきました。

一方、政府の適応計画の策定後においても、国会においては、引き続き適応策に関する法制度を求める声が強くありました。また、一部の地方公共団体からは、地域において適応策を推進するためにも、法的位置付けを明確化するよう要望がなされました。これらの背景を受けて、適応法が施行されたのです。

3.2 気候変動適応法

気候変動適応法の概要

適応法は、適応の総合的推進、情報基盤の整備、地域での適応の強化、適応の国際展開等の4つの柱で成り立っており、それぞれの考え方や進め方が明記されています（図3-1）。

重要なポイントは、国、地方公共団体、事業者、国民、それぞれが気候変

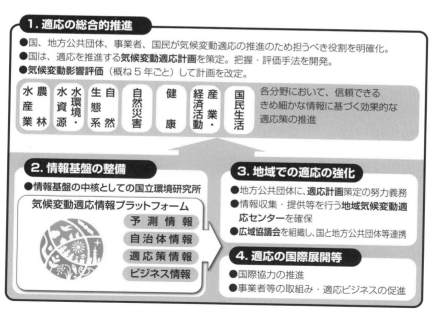

図3-1　気候変動適応法の概要（環境省資料より作図）

動適応の推進を担うと明確化されていることです。国だけが気候変動適応に
取り組むのではなく、地方公共団体、事業者、国民が一丸となって取り組ま
なくては、気候変動の影響に立ち向かうことはできません。もちろん、適応
に取り組む主役となる地方公共団体の役割強化は特に配慮されています。ま
た、適応の国際展開も視野に入れ、国際協力の推進や事業者などの取組み、
適応ビジネスの促進も目指しています。

気候変動適応法の構成

適応法は20条からなる3章で構成されており、第1章は総則、第2章が
気候変動適応計画、第3章が気候変動適応の推進について定めています。第
1条では目的、第2条では定義が特定されています。第3条から第6条では、
国、地方公共団体、事業者、国民が気候変動適応の推進の担うべき役割をそ
れぞれ明確化しています。第7条から始まる第2章では、政府が農業や防
災などの各分野の適応を推進する気候変動適応計画を策定することを規定し
ています。第8条では気候変動の適応計画について気候変動影響の総合的
な評価その他の事情を勘案して、必要があると認めるときは、速やかにこれ
を変更するものとされています。第9条では評価手法等の開発について記
され、気候変動計画の実施による気候変動適応の進展の状況をより的確に把
握し、および評価する手法を開発すると規定されています。第10条では気
候変動影響の評価について記され、環境大臣は、最新の科学的知見を踏まえ、
おおむね5年ごとに、気候変動影響評価を行い、その結果などを勘案して
前述のとおり適応計画を改定することとしています。

第3章の適応の推進について、第11条では国立環境研究所の業務につい
て、第12条では地域気候変動適応計画について、第13条では地域気候変
動適応センターについて、第14条では気候変動適応広域協議会について記
されています。また、第15条では関連する施策との連携について記され、
気候変動適応に関する施策の推進にあたっては、防災、農林水産業の振興、
生物多様性の保全など、関連する施策との連携を図り、施策への適応の組み
込みを進めることを想定しています。第16条から20条は補足であり、そ
れぞれ観測などの推進、事業者および国民の理解の増進、国際協力の推進、

国の援助、関係行政機関などの協力について記されています。

🌧 気候変動適応法によって変わること

　適応法が施行されたことにより、何が変わるのかについておもな点を示します（図3-2）。まず、あらゆる関連施策に気候変動を組み込むことが求められます。そして、PDCAサイクルに従って最新の科学的知見をもとに気候変動影響を評価し、各分野の将来影響を加味した施策が立案され、実施されていくことになっています。このサイクルの中で、おおむね5年ごとに気候変動影響評価が行われ、その結果に基づき気候変動適応計画が変更され、計画に基づき分野ごとに適応策を実施し、適応策の進捗については毎年指標に基づき確認し、進捗の状況に基づき気候変動適応計画の変更が検討されていきます。

　国では、環境大臣を議長とし、関係府省庁により構成される「気候変動適応推進会議」が新たに設置され、関係府省庁間で緊密な連携体制を構築し、

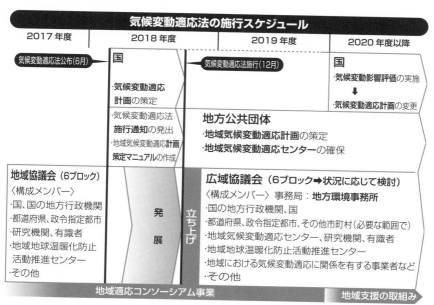

図3-2　気候変動適応法の施行スケジュール（環境省資料より作図）

政府が率先して総合的・計画的に気候変動適応に関する施策が推進されます
（図 3-3）。地域では、「地域気候変動適応センター」や「気候変動適応広域
協議会」が立ち上がることで、地域の特徴に応じたきめ細やかな適応の推進
が期待されます（図 3-4）。

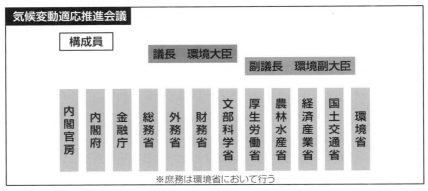

図 3-3　気候変動適応推進会議体制図（環境省資料より作図）

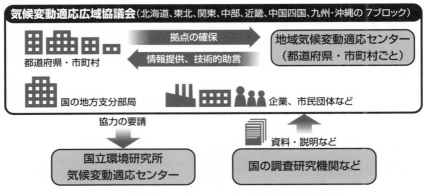

図 3-4　地域に根差した適応の本格化（環境省資料より作図）

3.3 国の取組み

☁ 日本初の適応計画

気候変動の影響に対する懸念の高まりとともに、各国では国の気候変動の取組みが進められています。2005年にはオランダ政府が国内の影響評価を実施し、それに基づいて2007年に「国家気候適応・空間計画プログラム」を公表しました。2010年には韓国が「韓国気候変動評価報告書2010」と合わせて「国家気候変動適応マスタープラン」を作成しました。イギリスでは、2012年に実施した「英国気候変動リスク評価」を受けて、2013年に「国家適応プログラム」を公開しています。2015年に発効されたパリ協定（第8章「これからの適応」を参照）では加盟国が自国の適応計画を作成することになっており、現在は様々な国で計画策定の取組みが進められています。

日本では、気候変動による様々な影響に対し、政府全体として整合の取れた取組みを総合的かつ計画的に推進するため、平成27年（2015年）11月27日、政府として初の気候変動適応計画となる「気候変動の影響への適応計画（以下、平成27年適応計画）」が閣議決定されました（図3-5）。

気候変動の影響への適応計画では、第1部において、目指すべき社会の姿、基本戦略、対象期間、基本的な進め方が示されています。まず、目指すべき社会の姿として、いかなる気候変動の影響が生じようとも、気候変動の影響への適応策の推進を通じて社会システムや自然システムを調整することにより、当該影響による国民の生命、財産および生活、経済、自然環境等への被害を最小化あるいは回避し、迅速に回復できる、安全・安心で持続可能な社会を構築することを目指すとしています。次に、計画の対象期間として、本計画においては、21世紀末までの長期的な展望を意識しつつ、今後おおむね10年間における政府の気候変動の影響への適応に関する基本戦略および政府が実施する各分野における基本戦略施策の基本的方向を示すと定めています。基本戦略としては、（1）政府施策への適応の組み込み、（2）科学的知見の充実、（3）気候リスク情報等の共有と提供を通じ理解と協力の促進、（4）地域での適応の推進、（5）国際協力・貢献の推進の5つを挙げ、基本的な進め方としては、観測・監視や予測を行い、気候変動影響評価を実施し、

気候変動の影響への適応計画について（気候変動の影響への適応を計画的かつ総合的に進めるため、政府として初の適応計画を策定するもの）

- ●IPCC 第 5 次評価報告書によれば、温室効果ガスの削減を進めても世界の平均気温が上昇すると予測
- ●気候変動の影響に対処するためには、「適応」を進めることが必要
- ●平成 27 年 3 月に中央環境審議会は気候変動影響評価報告書を取りまとめ（意見具申）
- ●わが国の気候変動
  - 【現　　状】年平均気温は 100 年あたり 1.14℃上昇、日降水量 100 mm 以上の日数が増加傾向
  - 【将来予測】厳しい温暖化対策を取った場合　　　：平均 1.1℃（0.5〜1.7℃）上昇
  - 　　　　　　温室効果ガスの排出量が非常に多い場合：平均 4.4℃（3.4〜5.4℃）上昇
  - ※20 世紀末と 21 世紀末を比較

基本的考え方（第1部）

目指すべき社会の姿
- ●気候変動の影響への適応策の推進により、当該影響による国民の生命、財産および生活、経済、自然環境等への被害を最小化あるいは回避し、迅速に回復できる、安全・安心で持続可能な社会の構築

基本戦略
- (1)政府施策への適応の組み込み　(4)地域での適応の推進
- (2)科学的知見の充実　　　　　　(5)国際協力・貢献の推進
- (3)気候リスク情報等の共有と提供を通じ理解と協力の促進

対象期間
- ●21 世紀末までの長期的な展望を意識しつつ、今後概ね 10 年間における基本的方向を示す。

基本的な進め方
- ●観測・監視や予測を行い、気候変動影響評価を実施し、その結果を踏まえ適応策の検討・実施を行い、進捗状況を把握し、必要に応じ見直す。このサイクルを繰り返し行う。
- ●概ね 5 年程度を目途に気候変動影響評価を実施し、必要に応じて計画の見直しを行う。

分野別施策（第2部）

農業、森林・林業、水産業
- ●影響：高温による一等米比率の低下や、リンゴ等の着色不良等
- ●適応策：水稲の高温耐性品種の開発・普及、果樹の優良着色系品種等への転換等

水環境・水資源
- ●影響：水温、水質の変化、無降水日数の増加や積雪量の減少による渇水の増加等
- ●適応策：湖沼への流入負荷量低減対策の推進、渇水対応タイムラインの作成の促進等

自然生態系
- ●影響：気温上昇や融雪時期の早期化等による植生分布の変化、野生鳥獣分布拡大等
- ●適応策：モニタリングによる生態系と種の変化の把握、気候変動への順応性の高い健全な生態系の保全と回復等

自然災害・沿岸域
- ●影響：大雨や台風の増加による水害、土砂災害、

高潮災害の頻発化・激甚化等
- ●適応策：施設の着実な整備、設備の維持管理・更新、災害リスクを考慮したまちづくりの推進、ハザードマップや避難行動計画策定の推進等

健康
- ●影響：熱中症増加、感染症媒介動物分布可能域の拡大等
- ●適応策：予防・対処法の普及啓発等

産業・経済活動
- ●影響：企業の生産活動、レジャーへの影響、保険損害増加等
- ●適応策：官民連携による事業者における取組み促進、適応技術の開発促進等

国民生活・都市生活
- ●影響：インフラ・ライフラインへの被害等
- ●適応策：物流、鉄道、港湾、空港、道路、水道インフラ、廃棄物処理施設、交通安全施設における防災機能の強化

基盤的・国際的施策（第3部）

観測・監視、調査・研究
- ●地上観測、船舶、航空機、衛星等の観測体制充実
- ●モデル技術やシミュレーション技術の高度化等

気候リスク情報等の共有と提供
- ●気候変動適応情報にかかるプラットフォームの検討等

地域での適応の推進
- ●地方公共団体における気候変動影響評価や適応

計画策定を支援するモデル事業実施、得られた成果の他の地方公共団体への展開等

国際的施策
- ●開発途上国への支援（気候変動影響評価や適応計画策定への協力等）
- ●アジア太平洋適応ネットワーク（APAN）等の国際ネットワークを通じた人材育成等への貢献等

図 3-5　平成 27 年適応計画の概要（環境省資料より作図）

その結果を踏まえ適応策の検討・実施を行い、進捗状況を把握し、必要に応じ見直し、といったサイクルを繰り返し行うこととしています。

第2部では、気候変動影響評価報告書において示された「農業・林業・水産業」、「水環境・水資源」、「自然生態系」、「自然災害・沿岸域」、「健康」、「産業・経済活動」、「国民生活・都市生活」の7つの分野におけるわが国の気候変動の影響評価結果の概要と適応の基本的な施策を示しています。

第3部では、第2部に示した各分野の基本的な施策の基盤となる施策および国際協力・国際貢献の推進の基本戦略を踏まえた国際的な施策として、観測・監視、調査・研究等に関する基盤的施策、気候リスク情報等の共有と提供に関する基盤的施策、地域での適応の推進に関する基盤的施策、国際的施策について具体的に示しています。

平成27年適応計画において、「不確実性を伴う長期的な課題である気候変動の影響に対して適切に対応するためには、本計画の進捗状況および最新の科学的知見の把握を継続して行い、本計画の進捗管理を行うことが必要で

気候変動影響評価
おおむね5年ごと

日本における気候変動影響を取りまとめ、「重大性」「緊急性」「信頼性」等の観点から、評価を行う。

例)農林、森林・林業、水産業分野

影響：全国で気温上昇による品質の低下（白未熟粒の発生）等の影響が確認されている。

評価：重大性 ― 特に大きい
　　　　緊急性 ― 高い
　　　　確信度 ― 高い

水稲の「白未熟粒」(左)と「正常粒」(右)の断面
（写真提供：農林水産省）

気候変動適応計画の変更

気候変動影響評価を受けて、各分野の影響に対応するための適応策を立案、更新。
施策を行う担当省庁、進捗確認のための指標を設定。

例)農林、森林・林業、水産業分野

適応策：高温耐性品種の導入実証の取組みを支援
指標：平均気温が2度以上上昇しても、収量、品質低下の影響を1/2に抑えることのできる農作物の品種・育種素材、生産安定技術の開発数。（2019年度までに品種・育種素材数10以上、生産安定技術5種以上）

適応策の実施

気候変動過応計画に基づく適応策の実施

例)農林、森林・林業、水産業分野

適応策：高温耐性品種の開発

広島県、高音耐性品種「恋の予感」
（写真提供：農林水産省）

フォローアップ
（進捗確認）毎年

実施された適応策について、指標に基づく進捗確認

最新の研究結果・科学的知見
気候変動およびその影響の将来予測に関する研究、観測・監視

適応の効果の把握・評価手法の開発

図3-6　進捗確認による適応策の効果的な実施と適応計画の更新（水稲の例）（環境省資料より作図）

ある」としていることから、担当府省庁・関係府省庁が一体となって適応計画の進捗状況の把握（以下、フォローアップ）を行うことになりました（図3-6）。平成28年度のフォローアップは試行的に実施され、各施策を担当する府省庁が対象となる施策について個票を作成しました。これに基づき、平成29年10月および平成30年9月の2回にわたって施策の進捗状況等を確認したフォローアップ報告書を公表しています。平成30年フォローアップ報告書では、適応計画に挙げられた58の施策群に指標を設定し、それに基づいて進捗状況を把握しています。

適応法に基づく初めての気候変動適応計画

適応法第7条において、「政府は、気候変動適応に関する施策の総合的かつ計画的な推進を図るため、気候変動適応に関する計画を定めなければならない」と規定され、平成30年の11月には、法に基づく初めての気候変動適応計画が閣議決定されました（以下、平成30年適応計画）。平成27年適応計画は政府の適応に関する基本戦略と実施する各分野の施策の基本的方向性を示すものでした。本計画はこの内容を踏まえつつ、適応法で規定された5年ごとの気候変動影響評価にあわせて、計画期間を10年から5年に改めて策定されました。平成27年計画から大きく進歩した点として、適応法に定められたステークホルダーの役割と期待される取組みが明確になったこと、これに従い、基本戦略がより明確になったこと（例：政府施策への適応の組み込み→あらゆる関連施策に気候変動適応を組み込む）が挙げられます（図3-7）。また、本計画の特徴は、気候変動影響の評価と気候変動適応計画の進捗管理を定期的・継続的に実施、PDCAを確保することとし、また適応の効果の把握・評価手法の開発に取り組むことを示していることが挙げられます。さらに今後の計画の過程では、適応策の評価手法や指標に関する検討を深めていきながら、より的確な計画のPDCA手法についても検討していくとしています。

使命・目標　各分野において、信頼できるきめ細かな情報に基づく効果的な気候変動適応の推進

気候変動影響の被害の防止・軽減　＋　国民の生活の安定、社会・経済の健全な発展、自然環境の保全

安全・安心で持続可能な社会

計画期間　21世紀末までの長期的な展望を意識しつつ、今後概ね5年間における施策の基本的方向等を示す

気候変動適応情報プラットフォーム

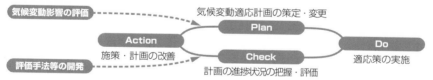

コメの収量の将来予測
※品質のよいコメの収量

対象期間：21世紀末（2081～2100年）
シナリオ：厳しい温暖化対策をとった場合（RCP2.6）

基本的役割　関係者の具体的役割を明確化

政府	国立環境研究所	国民	事業者	地方公共団体
・適応の率先実施 ・多様な関係者の適応促進	・適応の情報基盤の整備 ・地方公共団体等の技術的援助	・適応行動の実施 ・適応施策への協力	・事業に応じた適応の推進 ・適応ビジネスの推進	・地域の適応の推進 ・地域の関係者の適応促進

基本戦略　7つの基本戦略の下、関係府省庁が緊密に連携して気候変動適応を推進

1. あらゆる関連施策に気候変動適応を組み込む
   農業・防災等の各施策に適応を組み込み効果的に施策を推進
2. 科学的知見に基づく気候変動適応を推進する
   観測・監視・予測・評価、調査研究、技術開発の推進
3. 研究機関の英知を集約し、情報基盤を整備する
   国立環境研究所・国の研究機関・地域適応センターの連携
4. 地域の実情に応じた気候変動適応を推進する
   地域計画の策定支援、広域協議会の活用
5. 国民の理解を深め、事業活動に応じた気候変動適応を促進する
   国民参加の影響モニタリング、適応ビジネスの国際展開
6. 開発途上国の適応能力の向上に貢献する
   アジア太平洋地域での情報基盤作りによる途上国支援
7. 関係行政機関の緊密な連携協力体制を確保する
   気候変動適応推進会議（議長：環境大臣）の下での省庁連携

進捗管理　気候変動影響の評価と気候変動適応計画の進捗管理を定期的・継続的に実施、PDCAを確保

（気候変動影響の評価）中央環境審議会に諮問し、2020年を目処に評価

（適応計画の進捗管理）年度単位でフォローアップし、PDCAを確保

（評価手法等の開発）適応の効果の把握・評価手法の開発

気候変動影響の評価　‥‥‥　気候変動適応計画の策定・変更

Action　**Plan**

施策・計画の改善

評価手法等の開発　‥‥‥　**Check**　**Do**

計画の進捗状況の把握・評価　適応策の実施

図3-7　平成30年適応計画の概要（環境省資料より作図）

3.4　適応の推進

　前述のとおり、適応法と適応計画が策定されたことで、気候変動適応に関する施策を国内で総合的に策定・推進すること、また適応に必要な気候変動などに関する情報の収集・分析・提供を行うものとしています。これらにつ

いて具体的な内容を紹介します。

気候変動適応に関する情報の収集・分析・提供

　実効性のある気候変動適応の推進のためには、現在および将来の気候変動・気候変動影響・気候変動適応に関する正確な情報が必要であり、さらにその情報をスムーズに気候変動適応に関係する人たちに提供して、こうした情報の活用を促進することが重要です。各分野でそれぞれ独自に行っていた研究や各分野が保有する情報を、国立環境研究所をはじめとした情報の拠点に集積させ、さらにこうした情報を一次情報としてだけではなく、関係する研究所や専門機関が科学的な解釈や見解を示すなどの技術的サポートとともに、地域気候変動適応センター、広域協議会等の枠組みの中で使われるなど、必要な情報が必要な人たちへ、その活用方法とともに提供されるようにする必要があります。

　気候変動適応の推進には、多様な主体のそれぞれの行動に適応の観点を組み込まなくてはなりません。このためには、適応に関係するすべての人たちが、気候リスク等の情報にアクセスできるようにし、さらには必要なところに必要な情報が届くようにする必要があります。このような情報提供が確実に行われるよう、適応法では気候変動の影響と適応に関する科学的情報基盤の中核を国立環境研究所の業務として規定しています。

　適応法が定める国立環境研究所の役割は大きく3つです。1つめは、気候変動影響および気候変動適応に関する情報の収集、分析、整理および提供です。この業務では、様々な研究機関が保有する研究成果やデータのみならず、地方公共団体、事業者が保有する情報の収集や整理、分析などが含まれています。こうした適応に関する様々な分野・主体の情報を一元管理し、必要な情報が必要なところに届くよう整備する役割を担います。

　2つめは、都道府県または市町村に対する地域気候変動適応計画の策定または推進に係る技術的助言その他の技術的援助です。ここでいう技術的助言とは、地域適応計画策定の際に考慮する科学的知見に関する基本的な考え方や留意点、影響の予測シミュレーションや地域での適応策の検討に必要なデータの解釈などに対する専門的な助言を意味します。一方、技術的援助に

は、地域で適応を推進するために必要な能力開発としての研修や適応推進を目的とする講演会などへの講師派遣などを想定しています。これは従来の業務になかったため、適応法の施行に合わせて新たに追加されました。

　3つめの業務は、地域気候変動適応センターに対する技術的助言その他の技術的援助です。地方公共団体には、地域の気候変動適応に関する情報をワンストップで管理するための拠点として、地域気候変動適応センターを設置することが適応法で推奨されています。この地域気候変動適応センターが十分に機能できるよう、科学的な情報の取扱いや解釈などに関するアドバイスやセンターで業務にあたる人たちの研修などを実施することを想定しています。これも従来業務ではないため、適応法に合わせて新たに追加されました。

　このように、国の定める適応法と適応計画に従って、各地域や適応に関わるそれぞれの人たちが、必要な情報やデータを入手して正しく活用しながら主体的かつ効果的に行う適応の取組みを支えるために設立されたのが、国立環境研究所気候変動適応センターです。同センターは地域気候変動適応センターとの情報交換を通じて現場情報を集積し、有用な適応情報を地域間に共有することで広域的な適応策実施のための支援などを行うことを目的としています。また国内だけでなく、アジア太平洋地域の適応策のための情報分析や情報提供や支援も行うことを予定しています。

地域気候変動適応センターの役割

　気候変動適応センターとならんで、地域気候変動適応計画の策定を支援する機関に、地域気候変動適応センターがあります。

　適応法では、地域気候変動適応センターの役割を「その地域における気候変動影響および気候変動適応に関する情報の収集、整理、分析および提供並びに技術的助言を行う拠点」と定義し、その役割には、国立環境研究所との間で、収集した情報並びにこれを整理および分析した結果の共有を図ることが含まれています。さらには、地方環境事務所その他国の地方行政機関、都道府県、市町村、事業者などとともに、広域的な連携による気候変動適応に関し必要な協議を行うための気候変動適応広域協議会を組織することが定め

られています。

　地域気候変動適応センターには、気象や防災、農林水産業、生物多様性や人々の健康などの気候変動の影響を地域レベルで評価するための科学的知見を充実させていくことが望まれています。これには、必要な情報を収集して整理・分析のうえ提供できるような体制が必要です。政府は平成30年計画で、地域気候変動適応センターが地域における様々な情報を分析して提供できる、そして地域の中で技術的助言が的確に行えるような体制づくりを、気候変動適応センターと連携しつつ後押しすることとしています。そして将来的には、地域気候変動適応センターが地域気候変動適応計画の策定と適応の推進に必要な情報基盤となることが期待されています。

　地域気候変動適応センターにはこのような共通した目的があるものの、同じ方針や方法が、すべての地域で応用できるわけではありません。例えば、グローバルかつ科学的な高次の情報ををうまく地域の実情に当てはめるためには、「気候の話を文化と実際の状況に置き換える」必要があります。地域気候変動適応センターでは、全く異なる種類の知識を組み合わせることになりますが、この過程では、社会・文化的な学術と合わせてサイエンスコミュニケーションが重要な役割を果たします。このような立場を構築しながら様々な要求に応えるため、科学を基盤とする地域気候変動適応センターは「社会に根差す」必要があるのです。

3.5 地域気候変動適応センター・情報プラットフォームの事例

3.5.1 世界の地域気候変動適応センター

　適応が進んだ国では、すでに地域適応センターが設置されているところがあります。ここでは2つの機関とその事業内容を紹介します。

アメリカ：The USGS National Climate Adaptation Science Center (NCASC) の下に8つの Regional Climate Adaptation Science Centers

（CASCs）が設けられ、それぞれの地域の漁業、野生生物、水資源・水環境、土地や地域の人々が気候変動に適応するための科学的知見を提供することを目的に活動しています。地元の大学が CASCs の機能を果たしていますが、ほとんどの場合、大学外の関連機関と協働しています。

アイルランド：Climate Action Reginal Office（CARO）は、地理的・地形的条件が同じ地域を 4 つに分けて、それぞれに設置されており、担当地域内の地方公共団体の地域気候変動適応計画策定を支援します。各地方公共団体の策定する計画の整合を図り、地方公共団体の管轄をまたぐ問題にも対応します。CARO の業務は地域の脆弱性を把握して、将来の気候リスクへの強じん性を高めることです。活動の内容には、地域適応計画策定支援の他、市民や学校、NGO などに対する教育や啓発活動や、関連機関と連携して地域に特化したリスクに関する情報拠点となることも含まれます。

3.5.2 気候変動適応情報プラットフォーム

気候変動適応情報プラットフォームは、適応に付随する様々な意思決定を支援する情報を提供する役割があります。そのためには情報の提供方法や知識の取捨選択、ユーザーの要望などを考慮しながら構築しなくてはなりません。文化的価値や意思決定の目指す方向、知識の形式を考慮しながら、求められる形で知識提供する役割を担います。プラットフォームは科学的知見と国や地方公共団体、企業や個人の適応活動とをつなぐ役割を果たし、計画や意思決定における気候や気候変動とその影響に関する知識を提供して見識を深めるとともに、一般社会に対して気候システムを啓発する機能をあわせ持ちます。世界の国や地域では多くのプラットフォームが運営されていますが、その形態は様々です。アメリカとヨーロッパの一部で運営しているプラットフォームでは、コミュニケーションと意思決定の支援に特化しているものもあります。現在のところ、プラットフォームの形式は次の 3 つに大別されます：

・国が運営するナショナルプラットフォーム
・多国籍で運営される地域型プラットフォーム
・国際支援の一環として運営されるプラットフォーム

　日本で運営されるプラットフォームのうち、A-PLAT はナショナルプラットフォームに、AP-PLAT は国際支援の一環として運営されるプラットフォームにそれぞれ該当します。

🌧 気候変動適応情報プラットフォーム（A-PLAT）

　2015 年に閣議決定された「気候変動の影響への適応計画」を受け、国内での適応取組みを推進する目的で環境省の委託事業として関係府省庁と連携のもと、国立環境研究所が 2016 年 8 月に開設しました（図 3-8）。対象は地方公共団体、事業者、個人としています。2018 年 11 月に新たに閣議決定された「気候変動適応計画」では、国立環境研究所が果たす役割の中で、気候変動影響および気候変動適応に関する情報基盤と位置付けられています。

図 3-8　A-PLAT トップページ

イギリス：UKCIP（UK Climate Impacts Programme）

　UKCIP は気候変動影響に関する情報を意思決定者へ提供することを目的に、1997 年に設立されました。特徴として、①緩和策によっても避けられない影響が発生することから、適応を重視、②研究者から意思決定者へ情報提供し、影響、適応の研究成果が政策立案に貢献、③法制化の後押し、④国民や企業などの関心を高めるべくツール開発など種々の工夫、が挙げられます。

ヨーロッパ：Climate-ADAPT（欧州気候適応プラットフォーム）

　欧州連合（EU）は 2010 年に適応白書を作成し EU における適応の目的や活動をまとめ、2013 年 3 月に EU 議会がこれを採択し、同年 4 月に EU 気候変動適応戦略を公表しました。この中で、EU 加盟国間の情報共有や、EU 施策への適応の考慮など、加盟国の活動を支援すること、また EU の役割として、地域や国境を越えた影響への対応、加盟国間の連携を挙げています。EU は加盟国が適応情報にアクセスし、適応に関する知識を共有できるよう、2012 年 3 月に適応情報に関する Climate-ADAPT の運用を開始しました。このプラットフォームには、気候変動の影響、各国の施策、ケーススタディなどの情報が掲載されています。

アジア：AP-PLAT（Asia-Pacific Adaptation Information Platform）

　AP-PLAT は、アジア太平洋地域における幅広い気候変動影響に対して、各国・地方政府等による気候変動リスクを踏まえた意思決定と実効性の高い適応を支援するために、国立環境研究所が開発・運営しています（図 3-9）。2019 年 6 月に開催された G20 で環境大臣により公開されました。G20 では各国の環境大臣により取りまとめられた「適応と強靭なインフラに関する G20 アクション・アジェンダ（AAA）」において、多国間の行動の 1 つとして登録されました。

　AP-PLAT は、

（1）AP-PLAT ウェブサイトを通した気候変動リスクや適応事例等の知

見・情報の発信

(2) 適応策立案等に関する支援ツールの開発・提供

(3) 気候変動影響評価や適応計画策定、実施に関する人材育成・能力
　　向上

　の3つを活動の柱とし、アジア太平洋地域における国・地方政府な
どが知見を共有しともに学ぶことで、科学的知見や有用なツールを共創
する実用的なパートナーシップを構築し、パートナーとの協働を通じ、
気候変動リスクに対応するための政策決定や効率的な適応策の実現を目
指しています。

図3-9　AP-PLAT トップページ

第 4 章

適応計画作成に向けた準備

4.1　課題の把握と目標の設定

　気候変動が地域社会にもたらす影響は様々です。そのため、適応策を講じる場合、なぜ適応しないといけないのか、どのような適応に取り組むのか、適応に取り組むことでどのような便益を期待するのかなど、取り組む課題と目標を明確にしなくてはなりません。例えば国の適応計画では、「気候変動影響による被害の防止・軽減、更には、国民の生活の安定、社会・経済の健全な発展、自然環境の保全及び国土の強じん化を図り、安全・安心で持続可能な社会を構築することを目指す」としています。このとき、将来が不確実であることを踏まえて、課題を幅広くしっかりと把握することで、初期の段階で対策の選択肢が限定的になることを防ぐことができます。また、目標を設定する際に最も大事な点は、将来、気候変動による影響が生じたとしても安心・安全な社会でいられるためには、どのような適応策を講じておくべきかについて、様々な視点からその目標と目標を達成するための「複数の道筋を検討しておく」ことです。具体的には、まず、対象とする地域の将来影響を踏まえて、対策が必要な分野・地域を特定しなくてはなりません（4.2 節「気候変動影響の把握」）。また、対象とする地域が有する適応の能力を把握し（4.3 節「気候変動影響の評価」）、適切な適応策を選択します（4.4 節「適応策の選択」）。このとき、社会変動や気候変動に含まれる将来の不確実性を考慮しなくてはなりませんし（4.5 節「不確実性の把握」）、意思決定には様々なアプローチが存在します（4.6 節「適応策を考える際の意思決定プロセス」）。

　このような道筋の検討は、目標の見直しと合わせて正しく選択されている

かどうかを都度確認する必要があります。

4.2 気候変動影響の把握

気候変動による影響を把握および評価して、影響に対する脆弱性や曝露を把握することで、選択すべき適応策を特定し、適応計画を効果的に策定することができます。地域気候変動適応計画の策定を行う地方公共団体にとって、気候変動のプラスやマイナスの影響を把握してその程度を評価することは重要な作業です。これには様々な手法があり、地域の実情に沿った方法で行うのが望ましいとされています。本節では一般的な手法について解説します。

気候変動を特定する

地方公共団体は必要に応じて専門家のアドバイスや支援を得ながら、検討の対象となる地域や分野、または組織が必要とする過去から将来における気候の変化や極端現象の推移とその変動、さらに季節ごとの特徴を把握する必要があります。

気候変動を表すパラメータには、気温、降水量、湿度、海水温、海面上昇、風速、風向などがあります。

このような気候に関するパラメータを地方公共団体が収集・整備することは容易ではありません。そこで、地方公共団体は必要に応じて気象庁や各地の気象台、専門家の支援を得ながら、気候変動に関する事業を行う機関（国や県の機関、大学、気象庁やその他研究機関）から提供されるデータを収集することになります。

気候変動影響の把握と評価

地方公共団体は適応計画を考える際、その地域の気候変動による現在から将来の影響を把握しなくてはなりません。このとき、前述の気候に関するパラメータと関連する情報をあわせて、過去の経験から気候変動に対して懸念

される地域や分野または組織や団体（教育施設や病院、高齢者施設など）を特定し、地域で気候変動への対策が必要な情報を収集しておくことが望ましいです。

影響を把握する際、ゆっくりと表れる影響と異常気象等により急に発現する影響の両方を把握する必要があります。例えば、ゆっくり発現する影響によりインフラやサービスに徐々に負荷がかかることで、メンテナンス費用が増えたり耐久期間が短くなったりすることがあります。一方、異常気象等により急に発現する影響は、洪水や土砂災害、干ばつによる農作物への被害などがあります。

このとき、地方公共団体は、収集したデータとその情報源、情報の選択基準、データや情報の用途、データや情報の問題点や課題、不確実性について検討した内容を文書化しておくことを忘れてはなりません。なぜなら、適応は常に進捗と効果を見直して改善していく作業を伴うため、次回の見直し時にこのような情報を確認する作業が必要となるからです。

2.2.1 項「リスクに応じた適応策の選択」で取り上げたように、政府は2015 年に国内の気候変動の影響を「農業・林業・水産業」、「水環境・水資源」、「自然生態系」、「自然災害・沿岸域」、「健康」、「産業・経済活動」、「国民生活・都市生活」の 7 分野で評価しました。これらの中には、エネルギーの需要と供給や、交通事業、ICT や通信、社会インフラなどに加えて、旅行業を含む観光やレジャー産業、都市の緑化や都市環境、医療・社会保障を含む健康に関連するものなどが考えられます。

地方公共団体が影響評価を実施する際、福祉と住民の生命・安全および福祉に直接影響を及ぼすものと合わせて、間接的に影響を及ぼす要因も包括的かつ分野横断的に評価する視点が重要です。直接的な影響には、作物や家畜の生産性の変化、洪水や高潮、渇水、人の健康・安心・安全保障、熱中症による死亡といったものが挙げられます。一方、間接的な影響には、土地利用や生態系サービスの変化、インフラの劣化とそれによるサービスの低下、建築環境の劣化、サプライチェーンと物流ネットワークの機能低下、サービスや事業運営への影響、国の行政や各種規制などへの影響などが挙げられます。こうした負の影響のみならず、気候変動の影響がビジネスに好機をもた

らすか、といったことを検証することも重要です。

　これらの情報は、地方公共団体は必要に応じて専門家の支援を得ながら、研究論文、関連する気候変動影響評価、国あるいは国際的な出版物やデータベースなどからも情報収集することができます。

対策が必要な分野・地域の特定

　地方公共団体は、効率的かつ効果的に、適応策を講じるべき地域や分野を特定しなければなりません。これなかなり難しいことです。なぜなら、気候がもたらす影響は地域によって異なるため、地方公共団体が各自で適応策が必要な地域や分野を決定するための基準を決めなければならないためです。さらに、影響が様々な分野に表れることから、関係する部局と予算の割り当てを含む様々な懸案事項を調整のうえ、対策が必要な地域や分野を特定する必要もあります。国の影響評価結果を地方公共団体の状況に当てはめることもできますが、必要に応じて対策を統合することを検討する必要があります。例えば徳島県では、「国民生活・都市生活」を1つの分野として位置付けるのは難しいため、「産業経済」と「県土保全」に組み込んでいます。また、兵庫県では、国の適応計画にない「防災体制」という項目を独自に設けたりするなど、地域の実情に応じた工夫が見られます。

　地方公共団体は、まず、これまでの過程で収集した気候変動影響の情報を、分野ごとに関係する項目と合わせて整理します。次に、それぞれ影響の大きさや起こりやすさ、不可逆性、持続性のある脆弱性や曝露、タイミング、既存の対策の有無や適応策による気候リスク低減の限界などを評価して、優先順位を決定します。これは非常に専門的な知識が必要とされます。このとき、気候変動影響および分野別または検討事項ごとの適応策に関する知識をもつ専門家を必要に応じて交えた、技術的助言を提供する委員会を設置することが有効です。一方で、対策が必要な地域や分野について、ステークホルダーによっては考え方が異なる場合があります。こうした違いを早期に把握しておくことで、後々に問題が起こることを回避することができます。このために、ステークホルダーに対してアンケートを実施したりワークショップを開催して、様々な地域の幅広い分野での気候変動影響に対する重要性や

懸念などの情報を調査し、ステークホルダーの視点から考える適応策の優先順位付けに係る必要性を検討することも重要です。このとき、ステークホルダーには、住民や民間事業者、コミュニティなども含まれます。

🌊 気候変動影響の評価に必要なデータ

　地方公共団体は、気候変動影響に関する事業を行う機関（国や県の機関、大学、気象庁やその他研究機関）から、気候変動影響の観測データと予測データを収集しなくてはなりません。また、研究論文や関連する研究プロジェクトから提供される報告書やデータ、国や省庁の報告書などからも情報収集を試みることができます。しかしながら、分野によっては、気候変動影響の観測データや予測データがない、あるいは比較的狭い地域などの場合には十分な時空間解像度が得られない場合もあります。地方公共団体内で必要な気候変動影響の観測データや予測データが得られない場合には、国レベルで参照できるデータを確認してください。国が気候変動影響評価報告書を作成する過程で、各分野の専門家による分野別ワーキンググループが様々な学術文献や報告書を収集・整理しています。ここで集められた文献は、A-PLAT で一覧にして掲載しています。

　気候変動やその影響予測に関する情報が、地方公共団体の求めるものに対して十分でない場合、地域の気候モデルに地域の知見とエキスパートジャッジメントを合わせて、独自の気候変動とその影響の予測を行っても構いません。地方公共団体でこうした予測ができる人材が確保できない場合には、国の機関や大学、研究機関や民間企業に協力してもらう方法もあります。このとき、地方公共団体は使用したデータとその情報源、情報の選択基準、それらデータや情報の用途、データや情報の限界と不確実性について検討したことを文書化しておかなくてはなりません。さらに地方公共団体は、影響評価に使用した情報源をステークホルダーと共有することが望まれます。

　気候変動影響評価は、地方公共団体内、場合によっては地方公共団体外の適切な人材あるいは機関が実施する必要があります。また、地方公共団体で適当な人材が確保できない場合には、国の機関や大学、研究機関や民間企業に協力を依頼する方法もあります。

　影響評価を実施する過程では、地方公共団体は気候変動の影響によって好機が得られるかどうかも判断します。また、こうした機会の特性や範囲を、その可能性の限界と合わせて把握することが望まれます。

　地方公共団体は、影響評価で明らかになったことを文書化して、庁内外と共有することが望まれます。さらに、気候変動影響評価は、地方公共団体の方針の変更、外部の環境の変化、さらに気候変動の新たな知見などを反映しつつ、必要に応じて再評価して更新する必要があります。なぜなら、気候は将来にわたり変化することが予測されていること、さらに社会や経済の状態も変化することから、影響評価の結果も時とともに変化することが見込まれるからです。

4.3　気候変動影響の評価

4.3.1　影響評価手法

　必要なデータや知見を収集して、それに基づいて気候変動影響を評価します。気候変動が及ぼす影響を評価するには、様々な手法があり、評価の過程では、人口、ビジネスや産業の構造、土地利用、施策や取組み、社会経済的および環境的要因、技術の進歩、のような気候変動以外の要因の情報とデータや、その将来予測が必要な場合があります。地方公共団体は、能力や知識と所有するデータを考慮しながら、必要性と状況から最適な手法を採用してください。本節では、一般的な手法である「リスクアセスメント」を紹介します（図4-1）。

リスクアセスメント（リスク分析）

　一般に、リスクアセスメントとは「リスクを特定し、分析し、評価するプロセス」と定義されます。リスクアセスメントは、政策やプロジェクトなどの規模や、気候変動がもたらす影響をどの程度把握しているか、また、気候変動のリスクの重大性を把握したため適応に関する決定を行う場合なのか、あるいは気候変動の影響がまだ明確ではないけれど気候に左右される決定を

行う場合なのか、など、様々な意思決定の場面に合わせて、4つのステップ
に分けることができます（図4-2）。

　ステップ1では、リスクアセスメントを実施する対象を決めます。この
とき、どこまでが管轄となるのか、どこまでをリスクアセスメントの対象と
するのかを明確にすることが大切です。リスクアセスメントを実施する期間

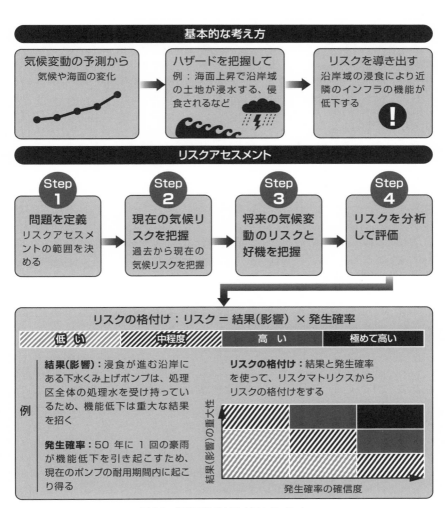

図4-1　気候変動のリスクアセスメント

リスク分析の適用範囲の決定
・目的
・範囲
・時間枠
・気候シナリオ

過去から現在の気候リスクの把握
・過去に起こった危険な気象条件は？
・被害にあったところがすでに対策を打っているか？

将来の気候リスクと好機の把握
・選んだ時間枠と排出シナリオに基づく気候予測を調べる
・今あるリスクは悪化しそうか？
・新しいリスクが発現しそうか？

リスクを分析して評価する
・どのようなハザード（またはリスク）がこの先問題となりそうか？

図4-2 リスクアセスメントの4つのステップ

を検討することも重要です。例えば大阪府では、大阪府地球温暖化対策実行計画（区域施策編）の中の地域気候変動適応計画の章で『「適応」の取組みは、柔軟性をもって対応していくことが必要であり、ここでは、21世紀末までの長期的な展望を踏まえつつ、当面10年間を想定して方向性を示しています』としています。

適応計画では短期的な視点と気候変動を見据えた長期的な視点を持つことで、シナリオ（1.6節「将来はどうなるの？」を参照）に基づいた将来の気候変動影響を検討することができます。RCPシナリオでは2050年頃までであれば4つのシナリオの間に大きな差は見られないため、この期間内であれば、リスクアセスメントの際にどのRCPシナリオを選ぶかということは重大な問題とはなりません。しかし、21世紀半ば以降はそれぞれのシナリオの差がはっきりしてくるため、どのシナリオに基づいて対策を検討するのかについて検討する必要があります。

ステップ2では、リスクアセスメントの対象となる地域で、過去に起こっ

た危険な気象条件（ハザード）について、そのハザードが引き起こした結果（影響）と合わせて調べます。例えば福島県では、気象庁が2018年7月中旬以降に全国的に記録的な高温となった時期の気象とその農作物への影響を「平成30年高温・少雨対策の記録」としてまとめています。

　このような記録やその他の情報から、ハザードによって過去に影響を受けた人やモノ、地方公共団体の財産などに気候変動のリスクがあるかを判断することができます。これをもとに、被害を受けた地域や分野において気候変動を見据えた対策をすでに講じているかどうかを調べます。これにより、これから将来にかけて生じるリスクを検討することができます。

　ステップ3では、4.2節内の「気候変動を特定する」と「気候変動影響の評価に必要なデータ」で集めた情報をもとに、今後、地域において生じるリスクについて検討します。このとき、将来の気候パラメータがどのように変化するのかに着目します。リスクの性質を表す際に、定量的あるいは定性的な手法や情報を用いても構いません。定性的な手法は、可能性に関する知見が十分でない状況では、特に有効となります。今後の気候変動や様々な地域の変化によって、今まで想定されていなかったようなリスクが発現することもあり得ます。例えば、特定の地域の平均年齢が上昇していくことと気温の上昇傾向が掛け合わされると、その地域での熱中症のリスクが高まります。このように、将来のハザードとそれがもたらす影響についても書き出しておくことで、将来のハザードにさらされる人やもの、地域などを把握することができます。

　ステップ4では、リスクを評価します。このためには、まずリスク評価の基準を決めます。この基準は4.1節「課題の把握と目標の設定」で定めた目標に沿って決定されます。基準は、関係各所との長期的な連携目標も視野に入れる必要があります。例えば、海面上昇が沿岸域に与えるリスクを分析する場合、市民の安全や地域産業、コミュニティやライフスタイルなどもリスク分析の基準を決める際に考慮する必要があります。リスク評価の基準を決めたら、ステップ3で明らかになった地域のリスクとそれがもたらす影響を、評価基準をもとに分析します（リスク分析）。影響がもたらす重大性とそれが発現する確率で評価することが一般的です。**図4-1**では、影響の重

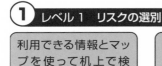

① レベル1 リスクの選別 必要なリソース：低 $

| 利用できる情報とマップを使って机上で検討 | → | 気候変動に関連するハザードとリスクを簡易的に選別 | → | 選別結果を使って：
●今後注意する必要があるシステムの優先順位をつける
●第2パスの評価に必要な関係者を把握する
●組織全体を巻き込む |

② レベル2 リスク評価 必要なリソース：中 $ $

| 集めた情報とマップを使って、関係者向け検討会を開催
関係分野の候補（例）
●土木
●気象
●エネルギー
●環境
●観光
●沿岸域 | → | 個々のリスクの格付けのために、専門家に意見を求める
 | → | ここまでの結果を使って適応計画を策定
●第3パスの必要性を評価（例えば、重要なシステムの極めて高いリスク）
●新しいデータと情報を探す |

レベル2の評価でリスクが高いと評価された場合、以下の評価が必要になる場合がある

③ レベル3 リスク評価 必要なリソース：高 $ $ $

| 対象となる事象に特化して、ハザードを調査（新しいモデルやデータ）
 | → | リスクが許容範囲を超えるため対応が必要になるときには、詳細なリスク評価を行う
 | → | ここまでの結果を使って：
●技術的解決策の準備
●対策の実施 |

図4-3 段階的リスクアセスメント

大性と発生確率をそれぞれ3段階に格付けしています。2015年に発行された国の影響評価報告書の評価基準では、影響の重大性を「特に大きい」「特に大きいとは言えない」の2段階、発生確率については緊急性として分析しており、緊急性が高い、中程度、低いの3段階で分析しています。国の影響評価報告書ではさらに、IPCCの評価方法を用いて、科学的根拠の種類、質、量、整合性と見解の一致度を評価して、影響予測の確信度を「高い」「中程度」「低い」の3段階で評価している点が特徴的です。

　リスク分析では、それぞれの格付けを数値化することで定量的にリスクを表すこともできます（5.8節「地域適応計画の事例」、アイルランド・ダブリン市）。この場合、ハザードと影響は、例えば、10以上の風の威力による森林被害の大きさのリスクは100年に一度、など数値の大きさで表現します。

　私たちは過去のハザードとその影響に関する経験に基づいてこれに対処してきました。気候変動によって特定の大きさのハザードに関する将来の発生確率が変わるかもしれず、またこれに伴って、もたらされる影響も変わってきます。例えば、激しい雨がより頻繁になることで、洪水のリスクがより高まります。気候変動のリスクアセスメントと適応に関する意思決定の目的は、影響を受ける対象のリスクを評価して管理することにあります。

段階的なリスクアセスメント

　各組織でリスクアセスメントを実施する場合、専従の人員や予算が必要になることがありますが、通常の業務の中では、こうしたリスクアセスメントの優先順位はあまり高くありません。また、気候変動のリスクを把握することが組織にとって重要と捉えられない場合は、内部に専門家がいない場合もあります。さらに適切なステークホルダーに相談する機会に恵まれないため、意思決定の過程に自信が持てず、適応を進めることに対して躊躇することがあるかもしれません。

　そこで、段階的なリスクアセスメントを採用することで、既存の研究結果や知見を活用した評価から始めて、徐々に高度な専門知識や費用のかかる作業を必要とする複雑な手法に移行していくことで、限られたリソースを有効

表4-1　地域レベルでのリスクアセスメントのアプローチ：レベル別の特徴と要件

レベル	レベル1	レベル2	レベル3
決定事項のレベル	政策、計画、プロジェクト	計画、プロジェクト	プロジェクト
目的	気候リスクを大まかに把握して、現時点で適応計画や追加の調査が必要かを決める	リスクアセスメント（エキスパートジャッジメントを含む）を実施して、将来の気候変動下で問題となり得る特定のリスクを把握する	詳細で精度の高いデータを用いて気候変動に起因するハザードに対する脆弱性を把握する　詳細なリスクアセスメントを実施する
必要なデータ	国が発行するデータ、地域に関する地図データや情報	国や気象庁などがまとめた気候変動に関する予測／観測データ、その他政府や国のプロジェクト、研究論文などによるデータ	状況に特化したデータ（リスクアセスメントの目的によるが、必ず必要なわけではない）。時間-空間的に高解像度な気候シナリオや、専門家による正確なリスクの規模の判断。こうした作業には、かなりの費用が見込まれる
必要な時間と資源の程度	最小限	中	高
必要な知識	・データを入手するための最低限の知識 ・データを地域に当てはめて理解するための、地域に関する知識 ・気候変動と起こり得るリスクに関する若干の理解（A-PLATなどでも得られる）	・適切なデータを得るために必要な知識 ・データを理解するための専門知識 ・特定の気候リスクがもたらす結果を理解するための知識	・状況に特化したデータを入手できる高度な知識（すべてのリスクアセスメントに必要な知識ではない） ・データを使って分析し、結果を理解できるだけの知識 ・気候リスクが事業に与える様々な影響を理解できる知識
必要な連携	ステークホルダーを把握して、コミュニケーションを取り、協議内容を理解して協働する	コミュニケーションを取ったり、ステークホルダーの問い合わせに回答したりする	必要な技量と専門知識を用いてステークホルダーを巻き込む
期待できる成果（例：沿岸域）	地域の沿岸域での浸水が、今後大きな問題になるかもしれない	海面上昇によって、一部の海岸沿いの道路が荒天時に浸水するリスクが高くなるおそれがある	（海面上昇と暴風雨の強度が増すことにより）海岸沿いの道路の浸水回数が増えるおそれがあるが、現在の道路の材質はこの頻度に耐えられるものではないため、補修工事が増える。海岸侵食により、道路の基礎が崩壊するおそれがある
当該レベルを使用する場面	・気候変動リスクを広く簡易に理解する ・対応が必要かどうかを把握する ・コミュニティや管理部門にリスクに関する注意喚起を促す ・適応に関する活動について社会や組織内部から承認を得る	・レベル1よりも詳細にコミュニティや組織にとっての気候変動のリスクと機会を把握する ・新しい知見などの必要な情報を追跡して地域にとって重要なリスクを把握する ・コミュニティや管理部門が適応計画の策定に積極的に参加する ・気候に関するリスクコミュニケーションの材料を作成する ・適応策の選択肢を把握して計画の策定を支援する	・特定の分野や活動に対する気候変動の影響を、確率や不確実性を十分に把握したうえで評価する ・適応にかかる費用を算出し、リソースの配分の優先順位をつける ・非常時対応に必要な手順や要件を確認する ・適応策を戦略的かつ経済的に評価する ・特定の事象に対し、詳細に設計された適応策の実行計画を策定する
リスクアセスメントの限界	概要のみを調査するため、適応に関する活動を最終決定する際には不十分	専門家が定性的に判断するにとどまる	時間と資源に負担がかかるため、専門家の介入が必要

活用することができます。また、段階的にリスクアセスメントを実施することにより、高額な費用をかけて詳細かつ定量的な気候リスクを評価する前に、気候と気候に起因しない複数のリスクを比較して対策の優先順位をつけることもできます。さらに、こうしたリスクに対する対応（適応）の選択肢を計画の初期段階で特定して検証することも可能です（図4-3、表4-1）。

4.3.2 強じん性の把握とその強化

地域に必要な強じん性とは

第2章「適応の基本的な考え方」では、人類を含む生物や、社会の制度や様々な仕組みが、将来の被害に備えたり、影響に対応したり、リスクを機会として捉えたりしながら適応に取り組むためには3つの能力（対応能力、適応能力、変革能力）が必要であり、これら3つの能力を強化することによって強じん性を長期的に高めることの重要性を紹介しました。私たちの社会が現在あるいは将来の気候変動影響に対してどの程度対応可能であるかは、いかに効果的に対策を取るか、そして関連する能力をどの程度向上させるかによって決まります。また、こうした機会をどのように捉えるかによって、計画と実装がよりスムーズに進んだり、あるいはかえって適応過程が制限されたりもします。

既存の技術や予算や人材、制度、そしてそれらを活用した適応策など、様々な要素が強じん性を構成しています。こうした強じん性は、発現するリスクやその分野によって変わってきます。歳入や普及啓発の程度、影響に関するデータの有無、適切な危機管理体制、事業継続計画など、適応に関するあらゆる情報は、現在の対応能力と今後必要となる適応能力を測る指標となります。また、適応を推進するリーダーシップや適応策の実装の経験などの間接的な要因も、3つの能力の向上に寄与します。地域の住民やその生態系の持つ気候変動への適応能力は様々であるため、地域の実情に応じて3つの能力を強化し、強じん性の向上に努めなくてはなりません。

強じん性強化に向けた課題

最適な適応は必ずしも適応策を検討してそれに必要な費用対効果を評価す

ることから導かれるとは限りません。既存のメカニズムを活用して、費用を
かけずに、社会や自然界の強じん性を拡張することが最善の適応となる場合
もあり得ます。例えば、時間当たりの降水量や短時間の降水量が増えること
によって、洪水被害が増えることが予測される場合、大型の治水工事を検討
する間に、緊急時に早期警報システムを今までよりも早く発動することで適
応能力が向上し、人々の気候変動への強じん性を上げることができます。平
成30年7月豪雨がもたらした大きな被害を受け、内閣府は平成31年に「避
難勧告等に関するガイドライン」を改訂し、自主避難を支援するために、気
象庁から発表される防災情報を用いて住民が直感的に取るべき行動を判断で
きるよう、5段階の警戒レベルを設定しました。こうした取組みを既存の治
水対策やハザードマップと組み合わせることで、適応能力を向上させること
になります。一方で、地方公共団体は、現状と将来必要な強じん性の乖離に
ついて記録しておき、適応計画の過程で補強が必要な適応能力について検討
するのが望ましいでしょう。

　地方公共団体の強じん性強化の課題として、気候変動に関連する情報につ
いての専門知識が不足する点も含まれます。この場合の専門知識とは、気候
変動に関連する、あるいは関連しない予測とシナリオに起因する影響・リス
ク・不確実性の知識、さらに、リスクとその対策の相関関係に関連する知識
と根拠、また、リスクと行動に関連する優先順位付けの知識などがあります。

　地方公共団体は、現状と将来必要な強じん性の乖離について文書化すると
よいでしょう。この文書に基づいて、地方公共団体は適応計画の過程で補強
が必要な適応能力の強化について検討するのが望ましく、乖離がある場合に
は能力開発を実施してください。これには、資金源の確保や人材育成、制度
の見直し、さらなる調査研究なども含まれます。国や近隣地方公共団体、地
方公共団体内の民間事業者などと連携して、適当な場合には協働して能力の
設計と開発を行うことも有効です。

4.3.3　気候変動が好機となるか？

ピンチをチャンスに

　気候変動影響は良い影響をもたらす場合もあり、気候変動影響への適応策

を講じることでこれまでにないチャンスが得られる場合もあります。そこ
で、地方公共団体は気候変動への適応を通じて、地域の安全性を向上させな
がら、地域の活性化や地域産業の再生のきっかけにすることも可能であるこ
とを理解しておくことが重要です。

　適応策の選択肢の中には、気候変動に対する脆弱性の低減に直接関係する
ものではなく、それ自体で補助的な便益が見込めるものもあります。このよ
うな「補助的な便益」が見込まれる適応策は、高い費用対効果が見込まれる
ことや、「補助的な便益」により既存の管理体制や意思決定過程に適応を取
り入れるのを促進する可能性があること、などの特徴があります。

　適応の必要性を満たすための商品のメーカーやサービス提供者にとって、
適応は経済的な好機となることがあります。例えば、降雪の限界点周辺にあ
るスキーリゾートでは雪の減少が懸念されることから、降雪機の市場にとっ
て好機となり得ます。標高の高い地域では、スキーリゾートからの業態転
換することを好機に捉えることができます。高温により鉄道のレールがゆ
がむことへの対策として、新しい輸送システムへの投資が考えられます。気
候変動による損害が増えると、新しい保険商品やその他のリスクベースの資
金サービスが開発されるかもしれません。もちろん、こうした補助的な便益
は、サービスの市場を作る気候変動への悪影響と比較して考慮しなくてはな
りません。

　持続可能な開発促進の場合、大型予算を伴う政策や施策の一部として適応
を導入することで、既存の開発の行き届かない部分へのテコ入れとなり、か
つ、持続可能な開発目標と合わせた活動を促進できます。例えば、気候変動
による水資源や天然資源の管理に関する政策、通信インフラ、金融や保険
サービスの促進などは、経済発展を促し適応力を向上させて、貧困層への気
候変動影響を低減することが見込めます。こうした効果的な適応と気候リス
クマネジメントは持続可能な経済成長にとって重要です。

　しかしながら、気候変動のもたらす影響と持続可能な開発は、二律背反（ト
レードオフ）を生む場合もあります。タンザニアでの気候変動と適応の持続
可能な施策では、従来の化石燃料に依存した養殖業を制限してサンゴ礁によ
る気候変動へのレジリエンスを強化する対策を実施しましたが、これは、経

済と環境のトレードオフの典型的な例であるといえます。

　チャンスを捉えて実行に移す場合、その他の施策や方針との間に二律背反の状態（トレードオフ）が生じる場合は、それを文書化しておくことで、後々にトレードオフが生じて意図しない結果が生じないような計画を検討することができます。

4.4　適応策の選択

4.4.1　実装する適応策の検討

　地方公共団体が適応策を今度どのように実施していくかを考える際、まず4.3.2項「強じん性の把握とその強化」で整理した既存施策の対応力の方向性をもとに、どのような適応策を実施していくか検討することが効果的です（**図4-4**）。このとき、計画の目的に合致した気候変動適応策の案を幅広く把握して収集し、グッドプラクティスを把握して検討することが必要です。

　長崎県では、次の手順で既存施策から適応策となり得るものを抽出しています。『関係部局を集めた庁内検討会議を開催し、まずは適応策への理解を深めるために有識者から話を聞く機会を設けました。適応策の抽出方法として、温対計画に盛り込んだ気候変動の影響と適応策を基に、各部局の影響と

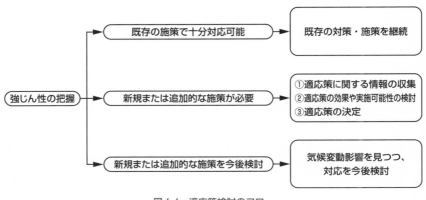

図4-4　適応策検討のフロー

適応策を考えていただき、思い当たるものをすべて出していただく作業を依頼しました。それから環境部でその項目を議論しやすいよう整理をして関係部局へフィードバックを行い、最終的に各部局の担当者が判断を行いました』（図4-5）。

　どの適応策がふさわしいかを評価し、最終的に実施する適応策を決定する過程では、意思決定のグループや関係するステークホルダーと協議する必要があります。また、それぞれの適応策を実施するために必要な財源が確保されることも重要です。

既存施策を超えた適応策の検討

　新規、あるいは追加的な適応策の検討にあたっては、様々な可能性を考慮し、グレーな対策のみならず、ソフトな対策やコ・ベネフィットの可能性としてグリーンインフラも検討しましょう（2.2.2項「適応策の種類」を参照）。

4.4.2　選択の基準

　検討の対象に上がった適応策を選択する際、次のような基準に基づいて実施します。

・県の計画や適応計画の目標とそれに関する基準に合致しているか

・特に人々の生命や財産に危害が及ぶような、高いリスクを持つ気候変動影

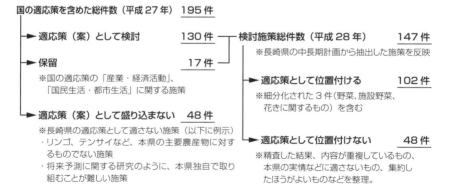

図4-5　長崎県での既存施策の見直しフローチャート

響に対処できるか

・短期、中長期的に適当な策であるかどうか

　さらに、選択した適応策が既存の施策や制度に合致しているかについても確認します。このとき、地理的・経済的・政策的条件などに対して適当な策かどうかを見極める、つまり、適応策を導入する場所が商業地区なのか工業地域なのか、あるいは商業区と住宅街が近接したようなところなのか、さらにはインフラやその他公共サービスの行き届いた地域なのか、といった具合に、気候によるハザードにさらされる条件に対して、選択した施策が合致するかどうかを確認することが重要です。これらと合わせて、4.3.3項「気候変動が好機となるか？」で確認した気候変動の好機を捉えて有効利用しているかについても確認します。

　地方公共団体は、過剰あるいは不適切と思われる策を適応策として選択してはいけません。様々な事情により、初回の計画策定では「不十分な適応」を選択することになる場合があるかもしれません。この場合、庁内の現在の

表 4-2　適応策の評価：検討事項とおもな質問

検討事項	おもな質問
社 会 的	この適応策は社会的に許容できるものか？ この施策はコミュニティの価値観と一致するか？
技 術 的	この施策は技術的に実現可能か？ この施策は長期的な損失を低減できるか？ この施策による間接的な影響がないか？
行 政 上	地方公共団体は施策に必要な人員や予算を準備できるか？
政 策 上	この施策は県政に合致するか？ この施策を導入するために必要な公的支援が得られるか？
法 　 的	地方公共団体はこの施策を実装するための権限を有するか？
経 済 的	この施策は費用対効果があり、費用便益分析に耐え得るか？ この施策により、どんな利益が得られるか？
環 境 的	この施策はどんな影響を環境に及ぼすか？ この施策は環境政策のゴールに合致するか？

状況（資金的、社会的、政策的なことなどを含む）に合致した施策であるこ
と、また、この策を継続して観察し改良していく必要性を理解しておかなく
てはなりません。

　選択した適応策を評価する際には、その策に対する社会的、技術的、行政
上、政策上、法的、経済的、環境的な好機や制約について考慮しなくてはな
りません（**表4-2**）。このような評価の結果は、どのような施策が現在の能
力や資源に対して最も適当かを決める際に役に立ちます。しかしながら、評
価の段階では、選択した施策に正解も間違いもないことも覚えておかなくて
はなりません。これは、適応が不確実な将来を考慮しながら学習と改善を繰
り返す仕組みになっているためです。

　導入する適応策と優先順位に合意が得られたら、各施策の簡単な実行計画
を作ることをおすすめします。特に、モニタリングと評価に用いる指標を特
定することが重要です。これにより、各施策の管轄部署を決定して、この後
のモニタリングと評価の過程をスムーズに進めることができます。

4.4.3　短期・中長期を見越した選択と評価

　地方公共団体は、4.4.2項「選択の基準」に基づいて選択した適応策につ
いて、意思決定が継続する期間も考慮しながら評価しなくてはなりません。
適応策は、その策が依存する、あるいはその策と相互に関係する他の計画や
方針を参考にしながら検討して決定することが重要です。

　適応策を決定する際に、想定した計画の範囲を超える場合があります。高
度な適応に関する能力が必要であったり、長期間持続する大掛かりな決定事
項（例えば堤防の建設など）については、地方公共団体は次のように対処す
るのが望ましいでしょう：

・高度な行政対応が必要な適応策を講じる目的をまとめる。

・庁内外のステークホルダーの利益を考慮する。これには、長期的な気候に
　関する決定に影響を与える、あるいはこの決定が影響を及ぼす近隣県やコ
　ミュニティを含む。こうした機関や団体と検討に上がっている適応策につ
　いて意見交換を行う。

・気候変動を適切に把握し、正しい時間軸で検討するために、どの程度の対

応能力が地方公共団体自身に、あるいは、関連するステークホルダーに必要かを把握する。

・必要な適応能力と既存の対応能力の差を改善するための方針を設計する。
・その他の相互に関係する決定を踏まえて、決定事項を見直す。

適応策の設計と実装においては、国・近隣地方公共団体・地域の民間事業者に対してその策が依存する関係である、あるいは相互に関係する場合には、適宜連携することが重要です。

　適応策の選択肢を評価して計画を策定する際には、適応計画の目標と目的に合致し、それに貢献する策を短期（5年以下）、中期（5年以上10年未満）、長期（10年以上）ごとに、できるだけ多くの適応策を検討することが重要です。このとき、現在の影響を低減する追加策を幅広く把握し、将来の脆弱性や気候変動予測を見越して、追加型（あるいは増分型）の活動を特定しなくてはなりません。初期の適応に関する取組みは、既存の施策やすでにある方法・計画を中心に検討しがちになることを理解しておくことが重要です。適応に関する取組みは、気候変動に対する現在の対応能力を評価する際に見つかることが多いとされています。急激な変化が必要であったり実行可能である場合を除いては、既存の方針や施策は適応の基盤を構築するのに役立ちます。また、中長期にわたって実装する策や中長期的に発現するリスクに対応するためには、長期的な目標に対応するために必要な活動を全般的に把握して、短期的に必要なものは何かを特定し、この適応策に関する取組みを実行するタイミングを時系列で検討してください。

　図4-6に示す適応の経路は、特定した適応策（短期、中長期）の実施にかかる手順を検討する方法の1つであり、関係する情報に基づいて意見交換するためのツールにもなります。適応の経路図は、適応の取組みと取組みの間の関係を図に表したものです。この経路図は、現在から始まり、将来に向かう複数の異なる経路を示しており、それぞれの経路では、適応の取組みを様々なパターンで組み合わせています。適応の経路を使うことで、次のようなメリットがあります：

・不確かさを管理する：様々な経路を検討することで、情報や環境の変化、社会的な優先順位など様々な変化に適応の観点から対応できるよう修正が

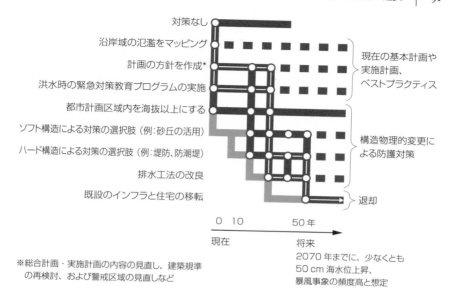

対策なし

沿岸域の氾濫をマッピング

計画の方針を作成*

洪水時の緊急対策教育プログラムの実施

都市計画区域内を海抜以上にする

ソフト構造による対策の選択肢（例：砂丘の活用）

ハード構造による対策の選択肢（例：堤防、防潮堤）

排水工法の改良

既設のインフラと住宅の移転

現在の基本計画や
実施計画、
ベストプラクティス

構造物理的変更に
よる防護対策

退却

0 10   50 年

現在   将来
　　　　　　　2070 年までに、少なくとも
　　　　　　　50 cm 海水位上昇、
　　　　　　　暴風事象の頻度高と想定

※総合計画・実施計画の内容の見直し、建築規準
　の再検討、および警戒区域の見直しなど

図 4-6　適応経路の例

可能

・透明性：経路を図で示すことで、想定事項やトレードオフ、適応の目的に
　ついて意見交換することができる

・リスクを基準にした意思決定のしきい値がわかる：受容可能なリスクのし
　きい値が明らかになることで、リスクのしきい値に近づく前に、代替適応
　策が必要である意思決定の発動ポイントがわかる

　この図では縦軸が適応の取組みを表し、横軸が大まかな時間と気候変動の
傾向を示しています。横軸は適応の取組みのタイミングを示しているわけで
はないことに留意してください。灰色の太線は決定事項が継続する期間の長
さを表し、薄いグレーは、その適応策が有効ではあるものの部分的であるこ
とを示しています。丸印は別の取組みが必要かどうかを判断する意思決定の
ポイントを示し、白色の矢印線は、取り得る経路を示します。

4.5 不確実性の把握

適応計画策定の過程で考えるべき不確実性

適応に関する様々な意思決定の場面で使われる気候予測やその他のシナリオ、観測データやモニタリングシステム、影響予測の結果や影響評価結果

① 1つのモデルの結果に頼らない

複数のモデル結果を使って「ベストな予測」をしましょう。
気象庁のサイトも参考になります。

② 温室効果ガス排出シナリオは合理的なものを選ぶ

リスク回避のために RCP8.5 を選んだり、温室効果ガス削減の国際交渉が進むことを想定して RCP6.0 を選ぶことが考えられます（気象庁の「地球温暖化予測情報第9巻」は RCP8.5 を用いています）。

③ 注意：モデルは予言ではありません

モデルはシナリオ（もっともらしい将来の筋書き）を示すだけです。現実はもっと良くなるかもしれないし、悪くなるかもしれません。良し悪しとは関係なく現在と状況が違うだけかもしれません。

④ モデルの結果は適切に使う

脆弱性を知る際の基礎情報として、後悔の少ない適応策の選択肢と実装のタイミングを検討するために使います。

⑤ モデルは突発事象を予測できない

モデルは突発的な現象（急激な気候の変化）や同時に起こる現象（暴風雨と洪水の同時発生など）の影響の検討には使えません。同時に複数の事象が発生することはあり得ます。あなたのところは耐えられますか？

⑥ 予測が正確なわけではない

最後に、予測が完璧ではないことを覚えておいてください。

図 4-7　気候モデルを利用する際の注意

RCP は Representative Concentration Pathway（代表濃度経路シナリオ）の略です。将来の気候変動を知るには、私たちのこれからの暮らし方を予想する必要があります。（例えば、このまま化石燃料を使い続けるのか、それとも再生可能エネルギー利用に転換するのか?）

RCP シナリオの目的はこれからの傾向を示すことです。人間活動による大気中の温室効果ガスの将来の濃度変化の傾向を予測します。

4 つの RCP シナリオは高濃度（RCP 8.5）から低濃度（RCP 2.6）までの幅があります。RCP に続く数値（2.6、4.5、6.0、8.5）は 2100 年の濃度を表しています。

温暖化防止の取組み	エネルギー源	新しい技術	交通輸送手段		2081~2100年の気温上昇（1985~2005年の平均気温と比較）	2081~2100年の海面上昇（1985~2005年の海抜と比較）	2081年~2100年の異常気象（と想定）	適応の規模とコスト
小さい	火力発電		自動車トラック	**RCP 8.5**	3.7℃	0.63 m	大きい増える	大規模費用は高額
小さい~中規模	いろいろな発電方法の組合せ		いろいろな交通機関の組合せ	**RCP 6.0**	2.2℃	0.48 m	中程度増える	中規模費用は中程度
中規模~大きい	再生可能エネルギー		いろいろな交通機関の組合せ	**RCP 4.5**	1.8℃	0.47 m	中程度増える	中規模費用は中程度
大きい	再生可能エネルギー	温室効果ガス貯蔵技術	自転車公共交通機関	**RCP 2.6**	1.0℃	0.4 m	小さい増える	小規模費用は小程度

（RCP 6.0 と RCP 4.5 の間）2℃の気温上昇は気候変動が危険になるサイン

将来の計画は RCP を使って考える 科学者は RCP を使って気候変動のモデルと影響のシナリオを考えます。計画も RCP を使って考えてみましょう。

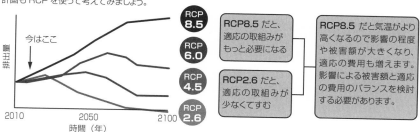

RCP8.5 だと、適応の取組みがもっと必要になる

RCP2.6 だと、適応の取組みが少なくてすむ

RCP8.5 だと気温がより高くなるので影響の程度や被害額が大きくなり、適応の費用も増えます。影響による被害額と適応の費用のバランスを検討する必要があります。

図 4-8 RCP シナリオを利用する際の注意点

には不確実性が伴います。地方公共団体の担当者は不確実性の原因を理解したうえで、得られた科学的知見を活用しなくてはなりません（**図4-7**、**図4-8**）。

　不確実性に関してどこまで調査して活用するかは、地方公共団体の必要性や状況に応じて行う必要があります。例えば、不確実性の有り無しのみでいいのか、幅が必要なのか発生確率が必要なのか、など様々な取扱い方があります。しかしながら、地方公共団体の関係者は、不確実性に関する知識が十分にない場合が多く、このような場合には、専門家や大学、研究所や専門事業者の助言や支援を求めることが重要です。不確実性について検討した場合には、その手法と仮説に加えてデータと情報の限界とその出典について文書化しておくことが有効です。また、地方公共団体が外部の支援を得た場合には、関係した外部機関の名称を含む情報とその専門性などの情報も記録しておくと次回の改定時に有効です。

〜 不確実性を考慮した気候変動適応への取組み方

　気候変動の影響の深刻度や発現時期の予測には不確実性があり、適応の有効性に限界がある中で、変化する影響や社会経済を前提として意思決定を行っていく必要があります。

　具体的には、最新の科学的知見の収集に努め、人口減少、高齢化等、社会環境の変化も考慮に入れて気候変動およびその影響の評価を定期的に実施し、その結果を踏まえて、できるだけ手戻りがないよう各分野における適応策を検討・実施し、その進捗状況の把握を行い、必要に応じて見直すという順応的なアプローチにより柔軟に適応を進めていくことが重要になります。また、適応策の検討にあたっては、緊急性等を踏まえ、優先して進める適応策を特定することが、効率的に適応を進めるうえで有効です。緊急性が高い分野・項目については、不確実性も考慮しつつ、今から適応の取組みについて検討を開始することが重要となります。一定の不確実性がある中での意思決定には、関係者や住民への気候変動に対する正しい理解を促進することも必要になります。また、長期・短期の双方の視点が重要です。これは、完全に科学的な証明が得られるのを待つのではなく、数年程度先を見据える短期

的視点のもと、既存の科学的知見と不確実性の幅の中で総合的判断を行い、適応策を実施していくことが必要だからです。

　気候シナリオや各分野の影響予測は不確実性を伴います。適応計画を策定する一時点において、これらのシナリオや予測に基づき長期にわたる計画を立案すれば、新しい科学的知見に基づく予測により予測値が改訂された場合、結果的に無駄な投資が生じたり、計画の変更を余儀なくされる事態が生ずるおそれがあります。また、不確実性を前提とした予測に基づく適応計画は、関係者のコンセンサスを得るうえで困難があり、さらに、予測以上に深刻な事態が生じた場合には、予算措置等が間に合わず対応が遅れる可能性もあります。このため、観測結果の活用と一定の余裕を確保した適応策の導入を検討することも重要です。

4.6　適応策を考える際の意思決定プロセス

適応に付随する意思決定と不確実性

　適応策を検討する際に必要な気候変動の影響・適応・脆弱性のそれぞれの評価の過程では、不確実性を考慮することになります。不確実性は計画的な適応を妨げるものではありません。また、正確で精度の高い影響予測が適応に必ず必要というわけではないのです。

　IPCC はリスクに着眼することで、気候変動に対するリスクを気候変動における様々な意思決定を支援することを目的にしている、と述べました。適応計画の核となる要因は、変化する社会の中で1つないしは複数のハザードをはらむ気候変動に対応することです。適応はまた、現在の適応が足りない状態にも対応しなければなりません。（2.1.1 項「適応の定義」を参照）。ここでは不確実性を考慮した意思決定の2つのアプローチを紹介します。

科学優先型と政策優先型

　適応策を考える際の意思決定プロセスには、次のようなものがあります（図 4-9 参照）：

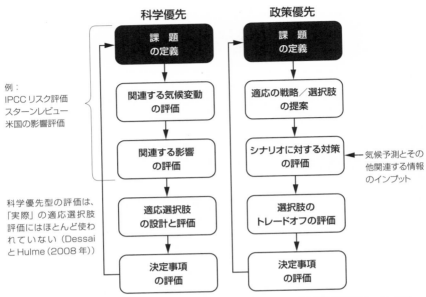

図 4-9　適応策検討のプロセス：科学優先型アプローチ（左）と政策優先型アプローチ（右）

①科学優先型アプローチ（図 4-9 左）：　気候変動の影響をもとに、予測から適応の取組みまでを直線的に行う評価方法。温室効果ガスの排出量の変化の予測から始まって、様々な適応の選択肢の経済的なあるいは非経済的な効果を考察する。

②政策優先型アプローチ（図 4-9 右）：　脆弱性、適応、リスクマネジメントを基礎として、適応に関する課題を検討することから始めて目的や制約を特定し、実行可能な適応の方針を検討したのちに、こうした事柄が適応の目的と気候や影響の予測に対して望ましいかどうかを評価する。

　科学優先型と政策優先型の大きな違いは、分析手順の順番です。ほとんど違いはないように見えますが、不確実性の取扱いとプロセスの効率に大きな違いがあります。実務的な点から捉えると、科学優先型アプローチでは、気候とリスクの詳細な分析が先にあって、その後、適応策を特定するため、このアプローチでは別の適応策の持つ有利な点を評価するのに必要な要素や情報が見過ごされることが多くなります。なぜなら、すでに適応策が決まった

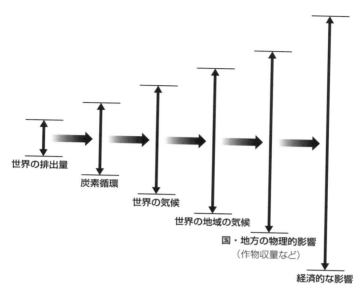

図4-10 世界の温室効果ガス排出量から地域での経済的影響に至るまでの不確実性の増幅

後でしか、別の適応策の有利な点を把握できないためです。このため何度も分析する必要があります。

さらに、科学優先型のプロセスでは、世界のGHG排出量の予測、排出量が世界に気候に与える影響の評価、評価結果を地域レベルでダウンスケールする過程や、物理的あるいは経済的な影響のモデリング、そして最終的に適応策の選択肢の評価に至るまで、様々な要素の不確実性が広がります（図4-10）。科学優先型アプローチでは、気候モデルと影響予測モデルによる高精度の情報に重きを置き、こうした情報が適応計画の策定過程にとって重要であるとみなされます。また、科学的情報に基づく確率分布に対して行った最適な決定に基づいて、意思決定を行ってしまいがちになります。つまり、不透明な条件下では、不適切にサンプリングしたもっともらしいシナリオ（例：排出シナリオを1つしか使わない）や、様々な結果を見積もるための二次的な不確実性に過剰に反応する懸念があります。

これに対して政策優先型アプローチは、最も価値のある情報を基に適応に

関する検証に絞ったもっとシンプルな工程になります。政策優先型では、意思決定にとって重要な情報だけ（例えば、検討中の適応策の選択肢の有利な点など）を検討することで、不確実性が増幅するのを防ぐことができます。

反復的リスクアセスメントによる不確実性への対応

ここ数年、気候変動の影響を把握する科学優先型アプローチから、将来の気候シナリオを用いて脆弱性を評価する政策優先型アプローチへの変化が見られます。こうした変化は、政策の焦点が「気候変動を理解する」ことから「気候変動の影響に対する適応を計画する」ことに変化してきたことも一因です。政策の焦点がさらに適応を組織内の基幹活動の中で主流化すること、様々な適応の選択肢が持つ利点とリスクを理解することに移ってきたことから、気候変動適応に対するリスクマネジメントに焦点を当てた手法が生まれました。この手法は従来のやり方である、問題（起こり得る気候変動影響）を理解するアプローチとは異なり、解決策（適応することで気候リスクを管理する）に焦点を当てています。さらに、前節で述べたように、気候の観測データや将来予測を用いて影響予測を行い、適切な適応策を選択するトップダウンアプローチから、曝露と脆弱性を評価してリスクアセスメントを行い、適応策を選択して実装するアプローチに移りつつあります。この手法では、作業を進めていく中で気づきと学びを取り入れながら手順を繰り返すという性質があります。こうした反復作業は気候変動の不確実性を扱ううえでも、適応に関する意思決定を効果的に行ううえでも重要です。

図 4-11 に示す意思決定のプロセスは、適応策の選択を決める前にリスク評価を行っていることから科学優先型に近いものです。しかし、根本的な違いは、反復的なリスクアセスメントの手法を採用している点です（図 4-11 のステップ 3 から 5 のサイクルを指す）。科学優先型では適応の選択肢を検討する際のリスクの評価をいきなり詳細に実施するところを、このサイクルの過程ではリスク評価の際に検討する範囲を徐々に絞りながら、適応策の選択に必要な意思決定を行います。

5 章「地域適応計画」では、政策優先型のアプローチをベースにしていますが、近項のリスクアセスメントでは、図 4-3 の段階的リスクアセスメント

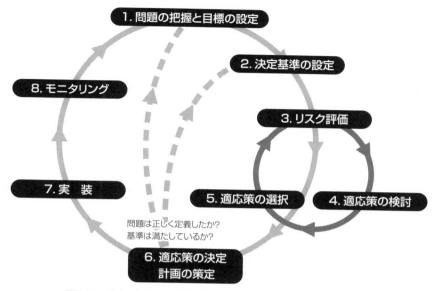

図4-11 適応に必要な意思決定のプロセスと反復的リスクアセスメント

を参考にしています。

検討会やワークショップの役割

　検討会やワークショップでは、決定事項を分析するための原則を決めるグループ作業を実施します。地方公共団体では検討や協議会と表現されることが多いようです。グループで共通のゴールを設定し、メンバーが共同で課題を話し合います。こうした会議の利点は、意見交換が双方向で行われるため、参加者が途中で意見や価値観などを修正することができることです。また、複雑かつ実践的な適応に関する取組みに対して、様々な分野の専門家からの知識を柔軟に統合して評価するには適当な手法といえます。こうした形式を実践することで、研究者や専門家と意思決定者を早い段階でつなぐことができます。

　この作業の核となるのは、シナリオあるいは将来図を描くことにあります。気候シナリオのみならず様々なシナリオを検討することで、将来予測に

ついて一定程度の説得力があり、地方公共団体の管轄内での施策の選択肢を
より系統的に評価できるようになります。シナリオの考え方については、1.6
節「将来はどうなるの？」をご参照ください。

　適応策のための検討会では、適応計画策定に関係する部署や専門家を対象
とするもの、ワークショップには、地域の関係団体や住民を対象とするもの
があります。検討会の代表的な例として、国の気候変動の影響評価での取組
みがあります。ここでは、専門家や国の機関が集まって議論し、気候変動が
もたらす影響を7つの分野に分類して影響を評価し、これに基づいて必要な
適応策をまとめて国の適応計画を策定しました。こうした取組みは、県レベ
ルでも行われています。埼玉県では「地球温暖化対策推進委員会」の下部組
織として、新たに2012年2月に「適応策専門部会」を設置し、各課の事業
の中にある潜在的な適応策を掘り起こすというゴールを設定して検討を行っ
ています。

　地方公共団体の関係機関や住民が対象となるワークショップには、選択し
た適応策が地域の生活環境や文化に適切かどうかを検討する場として用いる
ことができます。オランダのロッテルダム市では、水害対策への適応策とし
て、堤防などの従来のグレーインフラに加えて水と共存する都市開発を、住
民と協議しながら選択しています。

4.7　適応への取組み事例

水と共存する適応策－ロッテルダムの街づくり

　適応を行うにあたっては、気候変動による影響を危機と捉えるとともに、
機会と捉えることも重要であるとされています。

　オランダのロッテルダム市では、行政・民間事業者・市民が一体となっ
て、水害対策と水環境を活かした都市開発を行っています。1953年に1800
人以上もの死者を出した水害を受け、1万年に1度の暴風雨にも対応できる
とされる大規模な防潮堤を建設しました。その後、2013年に策定したロッ
テルダム気候変動適応戦略では、従来の大型水害対策に加え、水と共存する

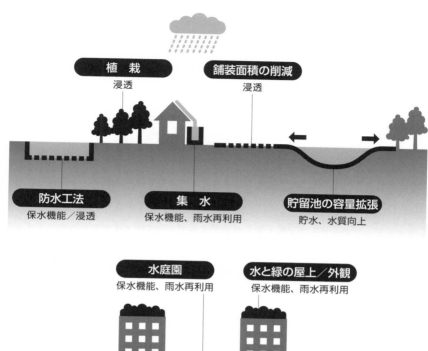

図 4-12 適応を考慮したロッテルダムの街づくり

都市開発を進めています。この都市開発には、例えば、ウォータースクエア（普段は娯楽目的のスペースとして活用され、大雨時には貯水地となる水場）やグリーンルーフ（雨水を一時的に吸収するのに役立つ）、貯水機能を持った地下駐車場、河川や湿地帯の拡大、道路等の舗装に浸透性のある素材利用（図 4-12）などが含まれます。このように適応策を取り入れた都市開発は世

図4-13 アラスカ州で初めて気候変動による移転が決まったニュートック村
（出典：KATIE ORLINSKY/National Geographic Image Collection）

界中から注目を集めています。

アラスカの永久凍土の上に建つ町が移転

　北極圏では海氷部分が気候変動の影響により年々縮小しています。アラスカのニュートック村は永久凍土の上にありますが、気温の上昇に伴い氷が解け始め地盤沈下が起こることで、建築物やインフラに被害が出ていました（図4-13）。また、海氷が小さくなって沖合に流れてしまうことから、高潮時に海水が逆流することで沿岸氾濫も起こっています。こうした事態を深刻に受けた村では、20年前から移転計画を立て、準備をしてきました。2019年、ついに今よりも標高の高い火山性の地質の上に建設してきた移転先マタービックへの転居が始まりました。

　新しい町の建設には、米軍から44名がボランティアとして参加し、のちに学校になる予定のマタービック避難センターの建設に従事しました。町ごとの移転には巨額の費用がかかることから、下水施設などは整っておら

ず、住宅には簡易の下水処理施設が設置されています。これから始まる本格的な移転に備えて、住宅建設に係る支援がさらに必要だと、移転チームは報告しています。

2019年の春はアラスカでは記録的な温かさでした。また、アラスカの春の気温の上昇は世界の過去100年の上昇率の2倍程度になっています。北極圏ではニュートック村と同じような気候変動の影響が広がることが予測されることから、地域の移転という適応策を選択する村が増えることが見込まれています。

🌊気候変動シナリオを考慮した水害対策の指針－気候変動を踏まえた治水計画のあり方

従来の水災害分野の気候変動適応策は、施設能力を上回る気候ハザードに対して可能な限り被害を抑えるためのソフト対策を充実させるものでした。しかし、平成30年7月豪雨では人的被害に加えて社会経済被害が発生し、ハード対策の重要性が再認識されたこと、また、IPCCによる「21世紀末までにほとんどの地域で極端な降水がより強く、より頻繁となる可能性が非常に高いことなどが予測される」との報告から、国土交通省は「気候変動を踏まえた治水計画に係る技術検討会」を設置し、将来の治水計画などでの気候ハザードの考慮の仕方やその前提となる外力の設定手法、気候変動を踏まえた治水計画に見直す手法などを検討しました。この検討会では、気候変動により降雨量がどの程度増加するか、治水計画の立案では実績を考慮した手法から「気候変動により予測される将来の降雨を活用する手法」に転換すること、気候変動が進んでも安全が確保できるよう河川整備計画の目標流量を引き上げたり対策の充実を図ること、などが示されました。

こうした取組みを推進するために、同検討会では、過去から現在、そして将来の降雨の変化を様々な研究結果を分析して評価しました。この結果、現時点でもすでに気候変動影響は発生しており、今後も徐々に気候変動の影響が表れることを考慮すると、耐用年数の短い施設整備等においては、近未来の影響を考慮する必要があること、また、気候変動による海面上昇や高潮・高波の影響と合わせて高潮と洪水の同時発生のリスクについての評価方法の

開発の必要性があること、などをまとめました。

　同検討会では、治水計画で考慮する気候変動シナリオについてRCP2.6相当が基本となるとする一方、RCP8.5の外力も参考にすることが考えられるとしています。シナリオの選定の留意点として、気温上昇が小さいシナリオを採用した場合は計画の見直しと手戻りの可能性があり、気温上昇が大きいシナリオの場合には計画目標を超えた対策を実施する可能性があると述べています。また、シナリオ自身も予測結果に幅があることを確認しています。しかし同時に、「今、将来の気候変動による影響の程度を決定し、将来の降雨量の増加を踏まえた対策を講じ始めなければ、計画の頻繁な見直しやその都度追加的な対策の実施に迫られ、今後の治水対策がより非効率となり、必要な河川整備に要する期間が長期化してしまうおそれもある」と指摘しています。

　同検討会は検討結果を「気候変動を踏まえた治水計画のあり方」の提言として、2019年10月に取りまとめて公表しました。この提言は、「将来、気候変動により変化する地域のリスク評価に基づくリスク軽減対策の充実を図るには、これまでの経験にとらわれることなく、新たな科学的知見も活用し、社会全体で取り組むことが必要である」とまとめています。

地域適応計画——学びながら繰り返す長い旅

5.1　主役は地方公共団体

⚡⚡⚡ 地域適応計画を策定するためのコツ

　気候変動への適応が地域主体となるのは、気候変動やその影響による被害や便益が地域によって異なることのみならず、地勢や人口構成、主力産業や抱える課題も様々であり、適応への取組み方も地域によって多種多様であるためです。そのため、地方公共団体の政策や施策、計画に適応の概念を取り入れて主流化（メインストリーミング）し、国や近隣地方公共団体、市町村とも連携しながら適応の取組みを進めていくことが非常に重要です。地方公共団体の保有する資源（人員や予算、経験値等を含む）や、住民や事業者からの要望も異なるため、地域気候変動適応計画（以下、地域適応計画）の策定には決まったやり方はないものの、効果的な地域適応計画を策定するための原則（コツ）があります。それは、気候変動適応が、①地方公共団体と地域社会（コミュニティ）の務めであり、②将来の不確実性に対応するためにも、適応の取組みを進める中で継続して学びながら改善していく過程であることを認識し、③適応の考え方を地方公共団体とそのコミュニティの中で主流化して組み込み、④コミュニティの行政的、社会的、環境的な条件を考慮してそれぞれの適応のゴールと目的を達成する施策を柔軟に組み立てられ、⑤実践的な適応策を、⑥優先順位を検討しながら、⑦管轄内の他の施策とバランスよく実施して、⑧計画策定過程で行う様々な評価（時間空間的な要素を含む）を意思決定に活かすように行い、⑨計画と合わせて適応の取組みに関するコミュニケーションや報告がわかりやすい形で包括的に公開されていること、の9点です。こうした原則を念頭に、本書を読み進めてください。

⚡⚡⚡ 連続する意思決定

気候変動の影響は、熱中症搬送者数や洪水被害の増加、農林水産物の質や収量の変化など、様々な形で私たちの社会に表れます。こうした影響が必ず被害をもたらすとは限りませんが、被害を受けるリスクは誰もが持っています。安心安全な社会を守る目的のため、特に行政や政策の観点から予防的・計画的に対策が必要な場合には、適応策を講じる必要があります。このとき、様々な適応策の選択肢群を用意し、その中から適切な対策を選んで決定することを、本書では「意思決定」と呼びます。

計画の策定は意思決定の連続です。意思決定と実行した内容によって、その後の結果が大きく左右されます。適応の取組みに充てられる人員や資金といったリソースには限りがあり、いつも「全員」にとって「後悔のない」選択肢を十分に検討して選べるわけではありません。よって、よりよい選択をするためには、「特に対策が必要な人やもの」に対して「後悔が少ない」結果を導くための目標（ゴール）を柔軟に設定することが求められます。

気候変動の時代を迎えた今、地域で適応計画を作成するときには、様々な影響に対して地域がどのように備えるべきかという適応の目的を明確に定め、気候変動のもたらすリスクを想定した適応の取組みの目標を定め、数ある施策案から望ましい選択肢を当事者全員が検討し、選択し、決定していくことが重要です。

⚡⚡⚡ 事前準備と全体の流れ

地方公共団体が気候変動への適応を効果的に推進するためには、適切な計画が必要です。ここでは、地域適応計画の策定に向けた手順について概説します。

地域適応計画は、大まかに5つの手順に沿って作成できます（図5-1）。①**計画の準備**、②**気候変動とその影響および適応策の評価**、③**適応策の決定・地域適応計画の策定**、④**計画の実装**、⑤**繰り返しと改善**

①**計画の準備**：地域適応計画を策定するにあたっては、4.1節「課題の把握と目標の設定」で設定した適応の目的と課題に取り組むため、誰がどん

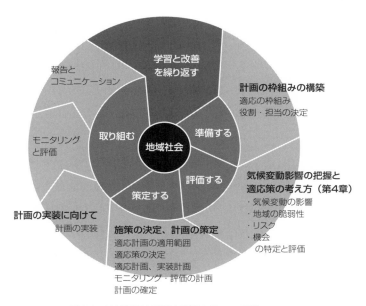

図 5-1 地域気候変動適応計画の 5 つの手順

な役割で計画策定に参画するかを決める必要があります。地域適応計画は、将来の気候変動影響に備えるためだけではなく、現在の気候の極端現象（大雨や猛暑日）に対応することも肝要です。そこで、地域適応計画の策定とその実装には、関連する行政機関、庁内の調整、予算やリソース、関係者との連携が必要とされます。関連機関・部局と連携することで、気候変動適応の施策との重複を防ぎつつ、効果的な対策を講じることができます。適応の初期段階では、庁内やコミュニティでの能力開発、気候変動によるリスクへの気づき、科学的な情報の入手、共通の目標設定、そして適応に最も必要な庁内連携が重要です。

②気候変動とその影響および適応策の評価：地域の中で気候変動の影響に対して脆弱な部分を特定し、どのようなリスクがあるかを検討します。リスクを明らかにすることで、適応の取組みの対象とするものと対策、そして関係する部署や機関が明確になります。リスクを評価することで、適応策を選択したり実施の優先順位を決めたりする際の指針となります

（詳細は4章「適応計画作成に向けた準備」を参照）。

③適応策の決定・地域適応計画の策定：気候変動への適応は複雑かつ多様なうえ、地域の特性によるところが大きいため、計画策定には決まった方法はありません。また、現在の地域適応計画は既存の施策を集めたものが多く、長期的な気候変動よりは現在の気象の変化や異常気象に焦点を当てていますが、本書では、将来の気候変動影響に対する地域のリスクを見据えて計画策定していくことを目指します。

④計画の実装：地域適応計画が着実に効果を上げるために、本書では適応策の実施計画とモニタリングと評価のための計画を立てることを推奨しています（5.5節「計画の実行に向けて」を参照）。誰がどの時点で施策の進捗や効果を確認するのかについての手順を明らかにしておくことは、地域適応計画が様々な部署との連携によって策定されることからも重要です。適応の実装は世界的にもまだ初期段階です。このため、計画を実行する間にも最新の知見や情報をもとに改良・改善できる余地があれば取り入れる、つまり実践から学ぶことも重要です。

⑤繰り返しと改善：気候変動影響の複雑さを見誤ると、地域適応計画に現実的でないほど大きな期待を抱いたり、計画を立てたことで備えができているといった過信につながるおそれがあります。地域適応計画は、変化する気候と社会経済の状況を見ながら定期的に見直し、地域の影響と脆弱性に関する知識を更新しつつ、学習を繰り返しながら進めていくダイナミックな取組みが必要です。

5.2　計画の枠組みの構築

5.2.1　既存の枠組みを活用しよう！

⚡⚡ 地域の特徴を考慮した計画立案と策定

　気候変動の影響は幅広い分野に及ぶため、適応に取組むには様々な部局や機関との連携が欠かせません。よって、地方公共団体の行政活動に組み込まれ、主要な地域政策の1つとして認識される、すなわち主流化されると最

も効果的です。そのためには、地方公共団体の既存の計画や活動、施策に基づいて適応策を検討し、適応策を実施した後もその効果を確認しながら改善できるような、柔軟で順応的な仕組みを持った地域適応計画の立案が求められます。地域適応計画を立案する際には、計画に含まれる地理的・時間的な範囲を明確にし、それに基づいて、どこにどのような影響がすでに表れているか、また将来その影響がどのように変化するかを調べることが大切です。このような情報に基づいて、実現可能な計画を策定することを念頭に置きます。計画に組み込んだ策は、どの部署の管轄とするか、どのように進捗や効果を確認するかを簡単な方法でもよいので、計画策定時に決めておくようにします。得られた情報に基づいて計画を策定する際には、すべての分野を対象とすることはできません。その際には、気候変動影響の特徴や地域の実情を考慮しながら、対策が必要な地域・分野を決定し、優先的に取り組むことで構いません。このとき、策定した計画とその進捗や効果については、わかりやすい形で公開しておきましょう。地域適応計画は気候変動や社会変動に不確実性があり、現状では関連する情報も限られているため、実装し経験しながら学習し、新しい知見も取り入れて改善することが大前提です。

　適応策を検討する際は既存の施策を活用することが期待できますが、一方で、関連部局の事業と重複したり競合したりすることにより、結果として適応策としては不適応になることも注意しなくてはなりません。このような不適応を回避するためにも、関連部局と協働で地域適応計画を策定する必要があります。

　地域適応計画を策定する際には、以下を考慮して方針を決定します。

・既存の行政サービスや事業に及ぼす気候変動影響とその脆弱性への対策に加え、地方公共団体の既存計画や施策との整合をはかることで地方公共団体の行政方針や総合計画などに合致すること
・地方公共団体が気候変動適応に取り組む目的と方向性を示すこと
・地方公共団体の気候変動適応に関する方針と対策の範囲および考慮する期間を提示すること
・地域適応計画の効果を最大限にするため、適応策の実施計画およびモニタリングと評価に関する計画を含め、計画全体を継続して改善していくこと

・長期的に持続可能でありながらも、最適な時期に効果的な策を取ること
・優先順位の変更を含めた見直しと記録を行うこと
・庁内での情報伝達や意見交換を行い、必要に応じて関係団体や住民とのコミュニケーションを取ること

5.2.2 適応の担当者は誰？ 推進と意思決定

⚡ 推進に必要な2つのグループ

適応を推進するためには、要所要所で意思決定をする必要があります。この意思決定には、庁内の様々な部局から関係者が参画することが重要です。しかしながら、関係部局や関係者ごとに職責や管轄などが異なるため、意思決定の過程すべてに全員が参画することは現実的ではありません。そこで、課題のレベルに応じて意思決定や調整を実施するグループを構成することが望まれます。このとき、様々な分野にまたがる気候変動適応に効果的に取り組むために、グループ内でのそれぞれの役割を明確にすることが重要です。

本書では、適応取組みの全体方針と計画の推進に関係する重要な案件について決定を下す承認グループと、庁内外で適応を推進する際に必要な様々な調整を行う適応推進グループを紹介します。

⚡ 決定を下す承認グループ

このグループは計画の中でも大きな決定を下すため、知事や市長などの首長レベルが参画することが望まれます。これは、地域適応計画の策定と計画に組み込まれた活動を効果的に実施する責任と、地方公共団体の適応推進に関する準備から計画の過程における決定権を明らかにするためです。承認グループに期待される役割には、適応に関する方針が地方公共団体の行政活動と一致していることを確認し、予算配分や、国や府省庁（基礎自治体の場合は県）や近隣地方公共団体などとの協力・支援体制を必要に応じて構築します。また、効果的な適応とその施策管理の重要性を庁内に周知して、適応推進グループ（後述）と関係者が効果的に適応の取組みを推進するために必要な承認と支援とあわせて、各部局のリーダーが関連施策をリードできるような体制を整えることなどが含まれます。

⚡⚡⚡ 適応推進グループ

　地域適応計画の策定を主導するためのグループで、関係するすべての部局から担当者が参加することが望まれます。構成メンバーや活動範囲や活動内容については、決定を下す承認グループが了承する形を取ると円滑な活動につながります。適応推進グループの役割はおもに、分野横断的あるいは施策別に必要な情報やモニタリングと評価に関する情報を共有したり、計画策定過程で生じた課題の解決策を検討したり、承認グループや関係部局と方針や進め方について確認したり、地域のステークホルダーとの協働を図ったり、広報誌や SNS などの既存の情報発信の仕組みや一般市民が参加するフォーラムなどを活用して、地域適応計画策定と適応策の実施実装の過程に地域のステークホルダーが関与するよう働きかけるなどのコミュニケーションを促進するなどの役割が考えられます。

　適応推進グループは、計画策定の前に、適応推進グループの役割と責任の範疇を決定して告知して、これからの計画策定過程への協力を仰いでおくとよいでしょう。

　計画策定の準備として、国の適応計画および地方公共団体内の既存の方針や取組みを見直し、地域適応計画策定の過程で検討すべき計画など関連する要素を洗い出します。また、関係府省庁や（市区町村レベルであれば県も）、研究機関、地域気候変動適応センターや大学、気象台など、計画策定に必要な情報と支援を得られる機関とのネットワークの構築に着手します。さらに、気候変動の影響が幅広い分野に様々な形で表れること、対策に高度な専門知識が要求される場合があることを考慮し、適応推進グループには、気候変動影響が及ぶ分野の関係部局の担当者に加えて、気候や防災、自然生態系、社会経済など、気候変動影響・脆弱性・曝露および適応の評価に関連する専門家が参画することが望まれます。

　適応推進グループが地域のステークホルダーと協働して地域適応計画を策定する場合、協働の目的（専門的な知見を得る、地域での気候変動の気づきを収集するなど）とそのゴールや成果をあらかじめ検討しておくとスムーズです。また、連携を取るタイミングと共同で行う作業の内容や、そのとき必要になる時間や知識、データなどを想定しておく必要があります。また、連

携活動の期間中に決定すべき事項とその時期を決めておくとよいでしょう。様々なステークホルダーが連携する地域適応計画の策定時には、リスクとなる不測の事態（例えば、計画期間中に主要メンバーが大きく入れ替わる、など）の対処方法も検討しておくとよいでしょう。特に、気候変動の影響と適応の対策は長期にわたるため、こうした備えは必要です。これらの手順をまとめて、あらかじめ承認グループに確認を得ておくことも肝要です。

　適応推進グループは、適応に必要な能力や地方公共団体の能力を把握して適応に関する取り組む範囲を決定します。そのためには、気候変動が地域に及ぼす影響を把握しながら、対策の検討に必要な専門性や知識、情報やデータ源の特定およびその所在と入手の可否を確認します。また、対策を検討していく過程で、適応に関する方針と目的が地方公共団体の行政方針と合致していることの確認作業を行います。また、具体的な対策を実施するにあたり、適応に関する取組みに必要なリソースの確保について庁内の協力と理解が得られるよう努めます。具体的な対策が明らかになってきたら、適応を実施するための能力を判断して、不足する部分とその対処方法を検討し、さらに選択した適応策を実施した場合に、望ましい結果が得られるかどうかの検討を行います。

　適応は継続して学習しながら改善することが重要です。このため、適応推進グループは、検討結果とその判断基準および不足する部分について文書化しておき、今後の対策の参考にするとよいでしょう。

5.2.3　ステークホルダーを把握する
⚡⚡⚡ 効果的な適応に欠かせないステークホルダーの参画

　気候変動がもたらすリスクについて各方面のステークホルダーから得られる情報は、地域適応計画の策定に欠かせません。適応は地方公共団体の行政活動の一環として進められますが、あわせて地域社会や文化的背景を反映したステークホルダーとの連携や協働も必要です。脆弱性の把握から適応の推進の過程にステークホルダーが参画することで、地域適応計画の策定や実装を効果的に進めることができるようになります。地域適応計画とその策定過程におけるステークホルダーとは、地域適応計画の策定と実装の過程にお

ける決定事項に影響を与える人、決定事項の影響を受ける人、あるいは影響を受けると考えられる人のことを指し、地域コミュニティや地域住民、その地域で働く人、通勤する人、旅行に来る人（訪日観光客を含む）、地域の民間事業者（商業や産業）、近隣地方公共団体や基礎自治体、国・府省庁、NGO、NPO、投資家やその従業員、学術団体、などが挙げられます。

⚡ ステークホルダーとなる人たちとその役割

　包括的な地域適応計画を策定するために、地方公共団体は、適応に関する専門性を保証したり知見をさらに広げたりすることを目的として、ステークホルダーを特定して連携することが重要です。適応推進グループは、計画策定の初期から策定過程全体を通したステークホルダーとの連携について計画を立てることが望ましいです。これは、どのタイミングでどのようなステークホルダーとどのように連携するか、といったことを指します。ステークホルダーを特定する際には、どのような人たちが気候変動や適応策の影響を受けるか、適応策の策定に助言や貢献ができるかを判断しておく必要があります。この判断に基づいて、どのようなステークホルダーとどの段階で連携するかといった戦略や計画を立てることができるようになります。ステークホルダーと連携する際には、その人たちの持つリスクに対する考え方や、解決策、実装方法、さらにはモニタリングと評価の方法に関する案を理解しておくことが重要です。ステークホルダーと連携することで、気候変動適応に関する知識の共有や適応推進への参画を促進することにつながります。

5.2.4　地域適応計画の策定に向けた合意形成

⚡ 地域適応計画の策定の流れを共有

　庁内の関係部局に対しては、地域適応計画策定の流れについても丁寧に説明して、理解を促すことが重要です。例えば、先行地方公共団体の事例を早い段階で共有し、どのような流れで進めるか合意を形成していくことが肝要です。

　もちろん、地方公共団体の行政は部局ごとに行われますが、気候変動への適応は多岐にわたるため、部局間の相互協力も視野に入れた分野を超えた施

策も望まれます。また、分野横断的であることで、適応の主流化が促進されることも期待されます。さらに、部局の担当者がそれぞれの所管の事情や課題を他部局の担当者と共有しながら取り組むことで、気候変動影響の課題を多くの職員が理解することができ、地域適応計画にそれらを反映することが可能となります。このためにも策定に関する全員の合意形成が重要となります。このような、気候変動適応を推進するための意思決定を含めた制度やシステムを確立できれば、他の様々な課題を包括的に対処することも可能となります。

　合意形成は以下に留意して進めることが重要です。
・地域が抱える問題・課題をしっかりと把握すること
・地域が抱える課題を解決するためのターゲットを明確にすること
・行政内部の合意形成が整わないと良いスタートが切れないことを認識すること
・合意形成は「急がば回れ」の気持ちで進むこと
・各部署の所有するデータは貴重な現状把握の材料であること

5.3　適応策の決定

5.3.1　既存施策を考慮した地域適応計画の立案
⚡⚡ 既存施策と連携した地域適応計画

　地方公共団体は、国の適応計画と府省庁の適応に関する計画を踏まえて適応策を決定し、地域適応計画を立案します。このとき、管轄する機関や団体の適応に関連する計画を見直すことで、相乗効果（シナジー）が得られるか、お互いに補完できるところはないか、あるいは矛盾や相反する部分がないかを確認することも重要です。

　また、地方公共団体は次についても配慮しなくてはなりません。
・把握した既存の施策や計画と地域適応計画とがどのように関係しているか、また相互に関係しあっているかについて把握する
・地域適応計画が既存の施策や計画と整合し調和が取れているようにする

⚡⚡⚡ 地方公共団体を取り巻く機関の施策との整合を確認

　地方公共団体は、地域適応計画が影響を与える、あるいは影響を及ぼす庁内外の既存の施策、戦略および計画を把握しておくことが必要です。

　地方公共団体は、以下のうち地域適応計画に関連する事項について把握することも重要です（表 5-1）：

・国の政策と、地方公共団体の管轄内の機関や団体の適応に関する取組み

・法的要件やそれに類する事項

・地域適応計画以外の庁内の施策や戦略（都市計画やインフラに関する計画、持続可能性に関する計画など）

・分野別のガイドライン、規定、規格

・国や近隣地方公共団体の地域適応計画や適応戦略

5.3.2　地域適応計画を策定する際には、適応策をどのように評価するのか？

　地域適応計画を策定する際には、実際に導入する適応策を決める必要があります。4.4 節「適応策の選択」で候補に挙がった適応策が地方公共団体内のニーズに合っているか、あるいは実施できるだけの準備が整っているかを評価して、最適な施策を選ぶことが望ましいでしょう。このとき、地方公共団体とその地域の気候変動の状況や条件に適した意思決定方法を採用してください。

　地域適応計画に取り入れる対策を新たに決める際には、その適応策を評価するための方針を決めておくことも有効です。一般的な評価方法には次のようなものがありますが、あくまでも一例です。地方公共団体内で決まった評価方法がある場合は、そちらを用いても構いません。

・費用便益分析（Cost Benefit Analysis）：効果測定に貨幣価値を適用し、経済分析を行う

・費用効果分析（Cost Effective Analysis）：異なる行動にかかる費用とその結果（効果）を比較して、経済分析を行う

・多基準分析（Multi Criteria Analysis）：意思決定において複数の基準を分析する

表5-1　地域適応計画に関係する行政資料の例

分野	・地方気象台等の気候観察レポート等
農業、森林・林業、水産業	・農業／林業／水産業の振興計画 ・農業／林業／水産業の生産統計 ・農業／林業／水産業の試験研究機関の研究レポート等
水環境・水資源	・環境白書あるいは環境基本計画の年次報告書 ・環境基本計画 ・日本の水資源の現状 ・水環境保全基本計画 ・下水道事業計画 ・水道ビジョン ・水循環基本計画
自然生態系	・環境白書あるいは環境基本計画の年次報告書 ・環境基本計画 ・生物多様性地域戦略 ・緑の基本計画
自然災害・沿岸域	・災害関連の白書あるいは災害関連の統計・レポート等 ・防災基本計画 ・地域防災計画 ・国土強じん化地域計画 ・都市計画マスタープラン ・河川整備計画 ・沿岸整備計画 ・港湾・漁港整備計画 ・国土交通省地域整備局の調査報告書
健　康	・環境基本計画 ・地域医療計画 ・健康づくりプラン ・蚊媒介感染症予防計画 ・ヒートアイランド対策推進計画 ・緑の基本計画 ・保健研究センター等の所報・レポート等
産業・経済活動	・産業振興計画 ・観光基本計画 ・観光白書
国民（市民）生活・都市生活	・環境白書あるいは環境基本計画の年次報告書

・リアル・オプション分析（Real Option Analysis）：従来の CBA 方式のように将来を固定するよりは、不確実性と柔軟性を把握するために用いられる。この分析では、リアル・オプションの値を求めるのにモンテカルロ法とディシジョンツリーを用いる

・適応の経路（Adaptation Pathway）：しきい値分析に基づき、様々な適応のシナリオを用いて気候とその影響の変化を把握する

・SWOT 分析：プラス要因とマイナス要因、内部環境と外部環境に依存する強みと弱みを把握する

　適応策の評価と選択の過程では、意思決定を行う関係者や部署に加えてステークホルダーと適切に連携することとを合わせて、地域適応計画の一部に、適応策の実施に必要な資源（予算や専門家の有無）を特定しておくことも有効です。また、適応策実施の障害となるものの把握や、決定事項が持続する期間と活動期間における気候変動影響の傾向をあらかじめ知っておくことは、定期的な更新（例えば5年ごと）の際に方針や施策の方向性と活動から得られた経験を反映させるのに役立ちます。

　選択した適応策が目的に合致したものであるか、管轄内で実施可能か、また許容できるものであるかを評価するための基準を決める必要があります。このとき、文化、伝統、能力などの地域特性を考慮することが大切です。この基準を用いて適応策の選択肢から適切な施策を選択すると様々な意思決定がスムーズに進みます。気候変動に頑強な適応策は、気候変動のもたらす影響を管理しやすくするので、意思決定を行う者は、後悔しない・後悔が少なくて済む選択肢を最初に把握するようにすることが重要です。安全の保障を大きくすると費用が莫大になる場合があります。どの適応策を選択するかはリスクに対する意思決定者の姿勢によって決まりますが、過剰な適応あるいは不十分な適応につながることがないように配慮する必要があります。

　特定の問題について、意思決定者の基準に合う選択肢が複数存在する場合があります。このとき、実施可能な選択肢を十分精査しないまま否決してしまうことを避けるため、選択肢を幅広く検討することが重要です。この検討時には、「何もしない」「少し対応する」「しっかり対応する」といった具合に対応に幅を持たせるようにします。適応策の選択によっては、おもにコス

トと環境的・社会的なインパクトが関係してくる場合があります。したがって、気候変動適応に関する意思決定では、実施する適応策が及ぼす環境、経済、社会的な影響の間での重要なトレードオフを考慮しなければならない場合もあることに注意が必要です。

　評価の過程では、どの程度の適応策（例：どこまで安全を保障するか、あるいはどの程度の余裕を持たせるか）をいつ実施するかを、実施しないことも含めて決めることになります。また、適応に関する活動を実施するタイミングや、実現可能でも緊急性がそれほど高くない場合など、活動の優先順位を計画段階で特定しておくとよいでしょう。優先順位を考慮して適応策を検討するには、リスク評価の過程で把握した主要な気候変数とその影響の発現の確率と重大性の大きさの変化を加味するとよいでしょう。

　適応は取り組みながら改善して進めていきますが、改善を取り入れるために必要な順応的な管理では、意思決定のポイントで最良の決断を行い、見直しの際に前回の意思決定の成果を評価しながら継続する連続した過程を繰り返します。これは、気候変動に関連するものを含む様々な不確実に対処するための重要な戦略です。連続した順応的管理は、実施する適応策の目指す目的に沿ったものである必要がありますが、いかなる場合でも将来の適応策を柔軟に選択できるようにしておき、新たな適応策が排除されることのないようにしなくてはなりません。

　適応策を評価する際には、効果を大きくするために、当初の目的以外の課題にも対応できるかどうか検討することも有益です。例えば、熱中症に対するグリーンインフラが都市の緑化活動につながることなどが挙げられます。

　地方公共団体は適応策の評価の過程で明らかになった施策や計画、方針などに含まれる仮説や根拠を文書化して残しておくようにしましょう。これは、計画の改定のみならず知見・データ・情報の更新の過程で継続して学習していくためにも有益です。

5.3.3　計画策定に向けた調整と決定

　地域適応計画の作成に向けた調整（意思決定）過程では、以下の関係者や機関と連携することが重要です。

・地域適応計画策定に参画するすべての部署のリーダー【意思決定への参加が強く望まれる】

・地域適応計画の策定に関与している専門家【意思決定に参加するのが望ましい】

・ステークホルダー【意思決定に参加するよう呼びかける】

また、意思決定の過程では、地方公共団体の管轄内の人口統計や社会経済状況、環境状況など気候に関係しない情報もしっかり確認しておくことが重要です。こうした情報は、国勢調査や人口調査、府省庁が発行する報告書や統計などから得られます。

意思決定を行う際と適応に関する活動を実施する際に障害となるものを把握しておくようにしましょう。おもな障害には、気候変動適応に関する知識の欠如や、影響とリスクの知識、リスクと適応策の関係性に関する知識と根拠、短期の活動の優先順位付けに関する知識の不足があります。適応の取組みを継続して見直しする中で、こうした障害への対処についても検討することが有効です。

また、意思決定は過去の意思決定から学んだことを次回の意思決定にフィードバックできるよう、順応的な形式を取ったり、今後表れるかもしれない新規対策導入のための余地を残すよう柔軟な形式を取ることが望ましいです。

ここまでをまとめると、より良い意思決定のためには、次のようなポイントを考慮する必要があります。

・気候変動適応に関する活動のうち、地方公共団体の状況とその地域の気候に最適な適応策を選んで評価する

・気候変動影響や適応策に関する専門機関や大学、研究所に支援を求める

・信頼できる適切な情報を得る。この情報は科学に基づいた情報であっても、ステークホルダーによる専門的な見解や意見であってもよい

・情報源を明確にしておくこと

・関係するステークホルダーすべてからのフィードバックを受け付ける体制を作っておくこと。このフィードバックには、地域適応計画策定に参画する専門家から得られるものと、適応に関する施策や方針の決定過程で学習

したことなどがある

5.3.4　ステークホルダーを巻き込む

　関係する庁内外のステークホルダーと連携することは、優先順位の決定や、地域適応計画の策定とその後の改定を行う際など、気候変動適応の取組みを推進するうえで非常に重要です。そのためには、地域適応計画立案の過程において、庁内のみならず地域コミュニティや地域産業の関係団体、NGO や NPO、国レベルの機関から選ばれたステークホルダーといった、特に計画の実装で主となる人たちを巻き込むための実質的な仕組みをあらかじめ構築しておかなくてはなりません。

　地方公共団体の職員も、地域の適応活動の重要なステークホルダーの一員です。例えば、河川管理を担当する人たちは防災計画の主要なステークホルダーであり、生物を管理する部局は、外来種の管理においてステークホルダーとなり、交通運輸に関する部局は県道市道の維持管理において重要なステークホルダーとなります。

　ステークホルダーの参加が必要なのは次の理由からです：

・適応に関する幅広い知識と価値観を取り入れることを促進するため
・地域の利益や懸念材料に、適応のプロセスを組み込むための支援を得るため
・地域レベルでの適応のプロセスを、近隣地方公共団体や関係する分野で進行中の似たようなプロセスと整合させるため

　地域適応計画策定の過程では、ステークホルダーとの連携で必要になった資源や活動をまとめておいたり、また、計画策定にかかわったステークホルダーの具体的な名称とそのステークホルダーが選ばれた理由を記録しておくと、進捗確認や改定時の参考となります。もちろん、こうした情報は外部に出さず内部資料として取扱っても構いません。

　適応法では、「国民一人一人が日々の暮らしや仕事の中で気付いた小さな環境の変化や異変が、気候変動およびその影響に関する科学的知見の充実、ひいては気候変動適応の推進に寄与する」ことを想定しています。地域適応計画策定の過程では、地域コミュニティにとって大切な意味を持つ変化や影

響の情報が、地域適応計画の目的と一致する場合は検討に値します。計画
策定の過程では、こうした情報や意見を取り入れる機会を活用します。例え
ば、異常気象や気候の変化を感じるとき（サクラの開花時期が早くなった、
氷が張らなくなったなど）、その感じ方（農作物の作付け時期や地元祭りへ
の影響など）、適応の取組みの優先順位付けなどに関するステークホルダー
の知識や意見を、ワークショップやアンケートなどで引き出すことができま
す。コミュニティとの交流を計画する時には、次の点に気を付けるとよいで
しょう：

・コミュニティとの連携の目的を明確にすること。普及啓発を目的とする場
　合と、地域の脆弱性の把握を目的にする場合では、ワークショップやアン
　ケートの内容が異なります。また、目的に応じて誰がどのように計画策定
　と連携するかについて、その効果的な方法と合わせて検討することが肝要
　です。既存の会合やタウンミーティングなどを活用することもできます。
　また、NPO や NGO などの地域の団体と協働するのもよいでしょう
・ワークショップやアンケートの参加者が地域の影響を理解できるように、
　気候変動を説明しましょう。国の影響評価結果とあわせて地域独自の視点
　で気候変動を考えるように働きかけると、地域適応計画に関係する情報が
　得られやすくなります

　地域との協働は重要ですが、一方では計画策定の過程にコミュニティにど
の程度参画してもらうかを決めておくこと、そして最終的な結果に対しては
あらかじめ透明性を保っておくことが大切です。意思決定の過程には、すべ
てのステークホルダーが参画することが望ましいですが、意思決定者があら
かじめ決めた目的や基準に、すべてのステークホルダーが賛成するわけでは
ないことに留意する必要があります。

5.4　計画の立案

5.4.1　決定事項をまとめる

　第4章「適応計画作成に向けた準備」の影響評価からここまでの過程を経て実施が決まった適応に関する取組みについて、文書化して残しておきましょう。これには、適応策の採用理由とあわせて、採用されなかった策とその理由も含めておくと有用です。このとき、実装に必要な能力と現在の状態の詳細説明や、必要な支援や対策（規制／経済的な策）を合わせて記録しておくようにします。決定事項に関係するリスクや適応策を実装する際のリスク、さらには副次的な利点があればそれも追記するとよいでしょう。これらの情報は、次回の計画改定時で検討材料として取り上げることになります。もちろん、このような情報は公開する必要はなく、内部資料としても構いません。

⚡⚡ リスク記録簿

　リスク記録簿は、地域でこれから考慮する必要が高まるであろうリスクを、計画の改定時に検討するための資料として作成するものです。第4章「適応計画作成に向けた準備」において、地域における気候変動の影響を受ける場所や、影響に脆弱なもののリスクが明らかになりますが、影響評価や適応策の検討の際に、優先順位が低いものは今回策定する地域適応計画に取り込まれない場合があります。繰り返しになりますが、気候変動がもたらす影響は将来の気候と社会の変化に応じて変わるため、時間とともに今回は計画の対象とならなかったリスクが大きくなっている可能性があります。リスクについての検討結果を文書化しておくことで、改定時の影響評価にかかる作業を軽減することも期待できます。

　この記録簿には、適応に関する能力の評価結果や将来の影響と脆弱性の把握の過程で得られた情報を、検討した時間枠と将来の変化の予測とともに気候リスクをまとめておきます（表5-2参照）。このとき、気候によるハザードと関係する分野（表5-2の例では、公園／健康福祉／インフラ／救急）の部局ごとにまとめて、わかりやすく記録するとよいでしょう。例えば、動植

表5-2 地域気候リスク記録簿の例（アイルランド計画ガイドライン）

気候ハザード	熱 波					
観測・予測結果の情報	今世紀の半ばまでに、夏季の気温上昇と熱波が起こる回数が増えるとの予測結果がある					
関係するエリア	リスクの内容	リスクの期間	リスクレベルの変化予測(2050年まで)	関連する政策や計画、目的	優先順位
動植物の生息域、公園、緑地	猛暑日など暑い日の年間日数が増えることで観光資源への負荷がかかり、維持管理費が増える	短期中期長期	増	県・市の総合計画／観光振興基本計画	低
健康と福祉	猛暑日など暑い日の年間日数が増えることで、高齢者施設などの入居者の不快感が増し、冷房費が増える	中期長期	増	保険福祉／エネルギー政策	低
建物とインフラ	道路の舗装が長時間高気温に頻繁にさらされることで損傷し、道路補修費が増える	短期中期長期	増	道路整備計画	高
救急出動	極端に暑い日の年間日数が増加することで熱中症患者が増え、救急隊の出動回数と関連経費が増える	短期中期長期	増	保健医療福祉計画	高

物の生息域、公園、緑地におけるリスクでは、気温上昇に関連するハザード（猛暑日など暑い日の年間日数が増える）、リスク（観光資源への負荷がかかる）、その結果（維持管理費が増える）を色別にするなど、わかりやすく示す方法も考えられます。

5.4.2 計画の範囲——所轄と計画の期間

地域適応計画作成に先立ち、次の事項の確認と決定が必要です。なお本書では、市レベル以上の地方公共団体を想定しています。

計画の方針：気候変動の影響は様々な分野に及ぶため、庁内全体で整合のとれた取組みを推進することが必要になります。そのため、地域特性や地方公共団体としての役割を考慮し、様々な計画や施策と統一した考え方・方向性を提示することが重要になります。また、政府の適応計画では第1章の気候変動適応に関する施策の基本的方向で、「現在および将来の気候変動影響による被害の防止・軽減に主眼を置くことは当然であ

るが、これに加えて、将来の気候変動予測を踏まえて、例えば、新たな農林水産物のブランド化や自然災害に強靱なコミュニティ作りを行うなど、適応の取組みを契機として地域社会・経済の健全な発展につなげていく視点も重要である。」と述べています。このような考え方を参考にしてもよいでしょう。

地域特性の考慮：政府の適応計画の考え方や方向性で踏襲できる部分は踏襲しつつも、当該地方公共団体の地域特性を踏まえ、適応の考え方・方向性を提示していくことが重要になります。影響や既存施策の整理結果、住民等の意識・ニーズ、上位計画の方向性等を確認しながら、当該地方公共団体らしい適応の考え方・方向性を検討します。

計画の適用範囲：地域適応計画は地方公共団体の管轄を前提に、①空間的な範囲、②行政活動の範囲、③時間的な範囲を定めなくてはなりません。このとき、地理的、政策的、経済的、その他の社会的な特性や、文化、歴史、伝統およびその他の地元の特性も考慮しておくことが求められます。また、計画で定めた適用範囲が、5.3.1 項「既存施策を考慮した地域適応計画の立案」で特定した方針や取組みと相反しないことを確認してください。さらに、地方公共団体は、行政および司法の範囲を把握して、適応の取組みが近隣地方公共団体やコミュニティとの間に問題が生じないように、あるいは協働で取り組むことで相乗効果が生まれることに留意しなくてはなりません。地方公共団体は、計画の適用範囲外で発生する影響が管轄内に影響を与えるかどうかについて注意する必要があり、必要に応じて、外部からの支援を検討する必要があります。こうした配慮は、近隣地方公共団体と目的を共有し、気候変動のもたらす共通の影響（例：河川氾濫）に連携して対応する機会にもなります。地域適応計画の策定過程から明らかになった気づきや推奨事項を活用して、個人や事業者、産業などを含む地方公共団体全体の強じん性の構築と適応の推進に繋げることも有用です。

計画の期間：政府の適応計画は、計画の対象期間について、21 世紀末までの長期的な展望を意識しつつ、今後おおむね 10 年間における政府の気候変動の影響への適応に関する基本戦略および各分野における施策の基

本的方向を示す、としています。地方公共団体においても同様に、短期的な影響だけでなく長期的な展望を視野に入れること、そのうえで、当面、数年から10年程度先に地方公共団体が実施すべき適応に関する施策の基本戦略や各分野の施策の基本的方向を示していくことが重要です。

適応策の実施計画・モニタリングと評価の計画：地域適応計画策定では、適応策の実施計画も用意しておくことが望ましいです（5.5.2項「適応策の実施」を参照）。計画の進捗確認の際に、新たな知見はないか、施策が目標に対して適当かなどを確認することができます。

また、モニタリングと評価を計画的に行うことで、地方公共団体が気候変動適応の進捗の把握や、順応的な管理に必要な知識や経験、根拠などを得ることができます。詳細は5.6節「モニタリングと評価」で後述します。

5.4.3　草案の作成
⚡⚡⚡ 内容と留意する点
　第4章「適応計画作成に向けた準備」から5.4節「計画の立案」までのステップで集めた情報をまとめて、地域適応計画の方針を形にします。具体的には、次の7つの項目を盛り込みます。

①<u>地域適応計画の目的と計画の対象範囲</u>：第4章で設定した目的に基づいて、地域適応計画の対象となる（気候変動の影響に曝露される）分野や地域を明記します。このとき、政府の適応計画が規定する7分野を、地域の実情に合わせて改編するのもよいでしょう。

②<u>地域適応計画策定の根拠となる情報</u>：地域の気候変動や異常気象（ハザード）と、対策が必要と判断した地域や分野の脆弱性を明らかにすることで、適応の取組みが必要な根拠を示します。このとき、現在までの気象や影響の観測結果と合わせて、将来の気候変動や影響の予測研究の結果などを出典とあわせて記載します。気象庁のHPやA-PLATには地域ごとの観測結果や予測研究の結果の図表が集められています。そうしたものを活用するとよいでしょう。地域適応計画においては、区域における優先度の高い影響を掲載することが考えられますが、その影響が複合

的な要因によるものであるため、気候変動によるものか明確ではなく、地域適応計画に記載するか判断が難しい場合もあると考えられます。そのような影響は、気候変動との関係が明確でない旨を示したうえで、地域適応計画に記載し、計画の変更に合わせて情報を更新する方法が考えられます。

③**影響評価結果**：第 4 章「適応計画作成に向けた準備」で行った地域の影響評価の結果を記載します。この時、リスクの大きさがわかるように記載するようにします（重大性・緊急性・確信度や数値化など。4.3 節「気候変動影響の評価」を参照）。

　　また改定時に備えて、影響評価を行った年や評価基準とその方法（評価に使用した気候モデルやシナリオ、統計結果の種類を含む）、評価に参加した部局を記録しておきます。

④**実施する施策と達成目標**：5.3.2 項「地域適応計画を策定する際には、適応策をどのように評価するのか？」で決定した施策の選択理由とその達成目標を示します。地域適応計画には、今回は実施しないけれども、影響評価で明らかになった将来必要と思われる対策などを記載してもよいでしょう。

⑤**施策の計画と担当**：施策ごとの実施計画と担当部局を優先順位がわかるように明記します。政府の適応計画では、各施策を担当する府省庁の名称が列記されていますので、同じような方法を取っても良いでしょう。また、可能であれば予算額を明記しておきます。

⑥**モニタリングと評価**：モニタリングと評価を担当する部局が施策を実施する部局と異なる場合は、それがわかるように明記します。また、地域適応計画がその目的に合致するように進められているか、施策がその目標を達成できるように実施されているかを測るための指標を記載しておきます（5.6.2 項「指標の考え方」を参照）。

⑦**計画にかかわる庁内外の機関・団体**：計画策定の過程で行った委員会や意見交換会などの会合記録を残しておきます。このとき、これらの団体が会合に参加することになった背景も記録しておくとよいでしょう。

表 5-3 地域適応計画の目次案（アイルランド計画ガイドライン）

章	内容
1. はじめに	ここでは気候変動、背景となる政策、適応に関する概略等を示すことが考えられる。 ・気候変動、日本の気候変動とその取組み（緩和・適応、両方の相乗効果） ・地方公共団体の適応に関する政策、地域適応計画策定の意義と目的 ・適応計画の策定過程や方法 ・適応計画策定に貢献した部署、人、内部外部の関係団体や人への謝辞
2. 地域の背景	ここでは、関係する地方公共団体や地域気候変動適応センターの概略等を示すことが考えられる。おもな情報は次のとおり。 ・地方公共団体、地域適応センターの概略 ・地方公共団体内の現況：地形、人口構成、社会経済的な情報（例：産業や雇用における重要な地区）および資産やインフラ（交通機関等）の概要
3. 現状と影響評価の結果	ここでは、地方公共団体に影響を及ぼす気候ハザードの概略や、地方公共団体と公共サービスが被る影響とその結果等について概略を示すことが考えられる。おもな情報は次のとおり。 ・気候ハザードがいつ頃・どれくらいの期間、地方公共団体と公共サービスに影響を与えるか ・上記ハザードが地方公共団体の主要な活動に与える影響とそれがもたらす結果の概略。可能な限り定量的に示すことが重要（例：件数、人数、金額、人件費等） 影響が特に大きいと思われるハザードの事例集を作成しておくとよい。
4. 気候リスクの特定	ここでは、地方公共団体と公共サービスについて検討した気候変動の予測と影響の概略を示すことが考えられる。また、好機やメリットが見つかった際にはそれも記載する（分野ごとに1ページくらいが適当）。リスク記録簿では、リスクの優先順位を明確にすること（1ページくらいで）。
5. 適応策の目的と目標、実行	ここでは、適応策の目的と目標の概略を示し、地方公共団体の適応以外の計画の実施状況や、国・近隣地方公共団体の政策等を検討しながら、適応策の実施と進捗管理について示すことが考えられる。
6. モニタリングと評価	ここでは、気象の傾向と影響のモニタリングを実施する方法と、計画評価のスケジュールを示すことが考えられる。

地域適応計画の草案は次の点に留意して作成します。

・正確であり、内容が確認（検証）できるものであり、誤解を招かないように記されている。例えば、影響評価に使った観測結果や影響の予測研究結果と異なるものを地域適応計画に掲載する場合には、誤って解釈されないようにするようなど、十分注意する必要があります

・気候変動適応が、第三者機関によって裏付けられたり検証されたものであるような認識を受けないようにする（実際に検証等を受けたなどの場合を除く）

・周知する内容が、気候変動適応の重要性や重大性を直接あるいは間接的に誇張されないように注意する

　表5-3では、地域適応計画の章立てとその内容の一例を示しています。計画作成では、長期的かつ幅広い方針を示すことで、短期的に繰り返される意思決定のプロセスの指針となります。計画策定の過程で集められた詳細な情報（例えば、影響評価の過程）などは、根拠資料として資料編などに収めておくのがよいでしょう。

　気候変動対策は国際的に進められている取組みです。特に適応は気候変動影響が地域によって様々であるため、地方での積極的な取組みが求められています。こうした背景から、地域適応計画を策定する際には次のような活動との関係を明記するのもよいでしょう（第8章「これからの適応」を参照）：

・国連気候変動枠組条約　パリ協定

・国連　持続可能な開発目標（Sustainable Development Goals）：目標13番「気候変動に具体的な対策を」と関連するその他の目標

・仙台防災枠組

⚡⚡⚡ 計画の位置付け

　適応の行政計画への位置付け方には以下の2つの方法があります。

　　　方法1：地域適応計画を単体で策定する

　　　方法2：地方公共団体実行計画の一部に地域適応計画を含める

　緩和と適応が両輪であることから、いずれの方法も、地方公共団体実行計画と地域適応計画を組み合わせて活用することが重要です。また、方法1・2のいずれも、将来的に実行計画か地域適応計画のどちらかだけで継続させるということではなく、短期のゴールを実現したその先では、必要に応じ、実行計画と地域適応計画を組み合わせ、さらに発展させていくことが考えられます。例えば、実行計画の一部に適応を位置付けたものの、実行計画の次の改定時期まで年数があく場合、途中で地域適応計画の一部として影響評価

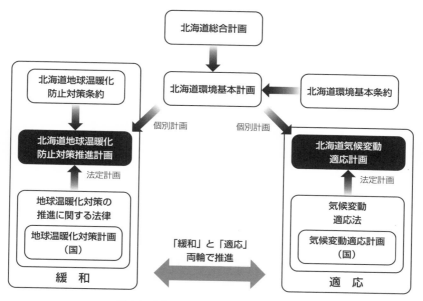

図 5-2 北海道気候変動適応計画の位置付け

や適応策の内容を補強して公表していく方法もあります。さらには、総合計画→環境基本計画→地域適応計画のように、県の計画全体で適応を扱うことも検討するとよいでしょう（**図 5-2**）。留意点として、上位計画に適応を位置付けるだけでは具体的な適応策とその実行計画が立てられない、という懸念があります。GHG削減という明確な目標がある緩和策と異なり、適応は気候変動とその影響の様々な要因が複雑に絡み合うため、対策の必要な箇所に対して適切な施策を着実に実施するためには上位計画に適応を位置付けた場合であっても、必ず適応の実行計画を策定します。

5.4.4 計画案の共有

　地域適応計画の草案について、地方公共団体の庁内外のステークホルダーから意見を求める必要があります。これは草案に含まれる内容が適切であることを確認するだけでなく、地域適応計画とその施策を実施するうえでも重要な手続きです。草案は、まず、適応推進グループ内で回覧して、内容につ

いて議論しておくのがよいでしょう。この段階では、現在の草案が、計画の実施内容を理解できるように明示しているかどうかを中心に確認することになります。適応推進グループ内で合意が取れた後、正規の手続きで回覧作業に入るとよいでしょう。

　草案に対して受け付けたコメントは記録しておきましょう。こうした取組みは、パブリックコメントなどで行われていますが、例えば庁内あるいは専門家などから出された公表しない意見についても記録しておき、次回見直し時に検討することが有効です。また、地域気候変動適応センターや県内の関連研究機関とも草案の作成段階から計画を共有しておくことで、気候変動に関する新たな知見を早期に入手できるようになります。

5.4.5　計画の発行と保管

　作成した地域適応計画は一般に公開することになります。地域適応計画を公開することで、地域適応計画の実装に対する支援が得やすくなるとともに、地域の民間企業や産業団体、ボランティア団体などが独自の地域適応計画を立てる機運を高めることになります。このとき、地域適応計画を広く閲覧してもらえるように見やすい方法で提示することが望ましいでしょう。地方公共団体の中には、概要版やパンフレットを作成しているところがあります。気候変動への適応はまだまだ知られていない分野ですので、こういったツールを使って管轄内での取組みを支援することが有効です。

　地域適応計画の過程は継続した学習と改善であることから、反復して計画する必要があるため、地方公共団体は地域適応計画を初版から最新の版までを、いつでも閲覧できるようにしておくことが特に重要です。

5.5　計画の実行に向けて

5.5.1　適応の実装

　適応の実装とは、地域適応計画を実際の活動に転換することを指し、地域適応計画にある活動を、県の様々な施策の中で適切に主流化していくことで

す。この場合、施策には土地利用計画や水道水質管理、その他の資源の管理などの様々な取組みも含まれます。

　実装には、適応策を実施し管理する担当部署の決定、必要な人員や予算等の資源、必要に応じて技術や専門家等の知見などが必要になります。既存の施策を適応策として扱う場合、担当する部署や予算や人員等の資源はすでに割り当てられていますが、新たに適応策を計画し実施する場合には、こうしたものを一から準備する必要があります。

　計画策定の過程で結成された決定を下す承認グループは、計画策定後も引き続き庁内での取組みをスムーズに進めるために、気候変動適応の取組みを庁内で正規の活動となるように取り計らうことが期待されます。

　庁外とのネットワーク構築時には、地域の民間事業者を含めることを検討することも有効です。適応策の中には、事業者との連携がシナジーを生む場合が多くあります（7章「事業者の適応」を参照）。地方公共団体は、地域の民間事業者が地域適応計画を考慮しながら自らの活動や気候変動によるリスク管理を実施することを推奨し、さらに地域適応計画の実装への支援を求めるのがよいでしょう。

5.5.2　適応策の実施

　地域適応計画で取り上げた適応策を確実に実施し、計画が長期的に効果を上げていくためには、関連する事業がいつ・どのように実施されるか、また、事業の見直しが行われるかを把握しておく必要があります。これらを適応策の実施計画としてまとめておくのがよいでしょう。既存の施策が適応策として地域適応計画に取り入れられる場合、新たに実行計画を立てるよりも先に、各部門が施策ごとに設けた計画を確認することが効果的です。これによって、適応策と合わせて進捗管理を行いやすくしたり、異なる部局の施策をうまく組み合わせて副次的な効果を狙うことが可能となります。

　新たな施策を実装する場合には、実施計画を別途作成することが望まれます。このとき、必要な資源と期待される取組みの結果を明記しておきます。同時に実施の過程で得た経験を反映させる手順をあらかじめ決めておき、必要に応じて実行計画を更新することが重要です。このためにも次章で示すモ

ニタリングと評価が必要になります。モニタリングと評価の結果や過程から、良い成果が期待できる新たな取組みを導入する機会が出てきた場合、それを受け入れる環境を作ります。この場合の成果には、相乗効果や適応策の拡張も含まれます。気候変動の影響は地域差があります。地方公共団体の管轄内全域で同じような効果が期待できるかがわからない場合は特に、段階的に導入し、モニタリングと評価を繰り返しながら展開してください。

　施策を実施しながらステークホルダーと適時に話し合いを持つことで、様々な視点から施策の効果を点検することができます。実施中に、現在導入中の適応策では将来の気候変動やそれに付随する課題に対応しきれないなどの結論に至った場合、施策の一部を強化することで足りるのか、あるいは大幅に見直しが必要なのかといった、改善する目的を明らかにしておくようにします。

　地域適応計画で取り上げた策と方法に関連するリスクと機会を評価して、効果的に実施できるようにするのが望ましい実装の形といえるでしょう。こうした実施計画は外部に出さず、内部資料としてモニタリングや評価、将来の計画改定時の参考にしてもよいでしょう。

5.6　モニタリングと評価

5.6.1　モニタリングと評価が必要な理由

　ここで述べるモニタリングとは地域適応計画の対象となる事象（災害や熱中症搬送者数など）の変化を観察することとし、評価とは実装した適応策がこうした変化に対してどのような効果を上げているかを見極めることです。

　地方公共団体の中には、これまで気候変動やその影響の情報を特に整理していなかったところもあるでしょう。気候変動適応法では、「その区域における気候変動適応を推進するため、気候変動影響および気候変動適応に関する情報の収集、整理、分析および提供並びに技術的助言を行う拠点」である地域気候変動適応センターの設置を地方公共団体に求めています。地域気候変動適応センターを設置する際には、適応策の検討や見直しに備え、このよ

うな影響の情報を定期的に整理することを、その業務に含めるようにします。また、既存の観測や分析だけでは影響の情報が不足する分野・項目については、地域気候変動適応センターが主体となって新たにモニタリングを計画・実施することを検討することも1つの方法です。

　気候変動とその影響が長期にわたりかつ不確実性を有することから、長期的な地域適応計画の成果を計画の改定時といった短期的な視点で評価できるとは限りません。よって、指標を設定して地域適応計画の経過を確認し、モニタリングと評価により必要に応じて修正や是正を行うことが重要です。

　モニタリングは、新しい問題が発生する傾向を捉える「早期警告」となって、これに関する協議を開始して次の対策に必要な事項を決定するきっかけになります。モニタリングにより短期的な予測を把握することで、予測できない急な変化や緊急時への対応、新たな適応策の素早い実施が可能になります。モニタリングでは、気候変動のリスクの再評価やそれに関連する決定事項の見直し、さらに、気候変動シナリオや影響に関する新しい情報を取り入れることも含まれます。こうした情報を入手するためにも、気候変動適応セ

表5-4　モニタリングの指標例（徳島県気候変動適応戦略）

Ⅳ　分野別の基本施策（行動計画）

1　県土保全　　　　　　　　　　　　　　　［危機管理部・農林水産部・県土整備部］

（1）現在の取組み状況

河川・沿岸	・河川管理施設、海岸保全施設等の整備 ・水防体制の充実・強化

（2）今後の方向性

自然災害を迎え撃つ「県土強じん化」

（3）おもな指標

	年度別事業目標			
	R2	R2	R3	R4
県管理河川（重点河川対策）の整備の推進	71%	73%	76%	80%

ンターや地域気候変動適応センター、各地方公共団体の研究機関との連携が重要です。また、管轄外の分野やエリアで必要な対策が実施されているかを、関連するネットワークや報告書、ステークホルダーとの対話などを参考にしながら確認しておくことが必要です。

　モニタリングと評価のプロセスを決める際には、気候変動だけではなく、対象地域の人口とその分布や経済状態と開発状態、国や地方公共団体レベルなどの幅広い政策や方針に関する事項、地域適応計画の策定過程で新しく得られた知見や経験を取り入れる必要性などを考慮することが重要です。

　モニタリングと評価には、時間の経過に合わせて気候や影響や環境がどのように変化するかを測る、そして適応策の進捗を測るための指標と気候変動を特定するパラメータ（4.2節内の「気候変動を特定する」）を決める必要があります（**表5-4**）。指標を定めることで、リスクの発現と対策を把握することができるようになります。

5.6.2　指標の考え方

　本項で述べる「指標」とは、適応策の実施がその策の目的に対してどのくらい進捗したかを測る基準、を意味します。指標は、適応策の実装の短期的な達成度を定量的に測る比較的簡易なアウトプット指標と、適応策による効果を測るアウトカム指標の2種類に分けることができます。

　指標を設定する1つの目安としてSMART基準（Specific：状況や目的に対して"具体的"、Measurable：定性的であっても"範囲"や"程度"などで"測れる"、Achievable：施策が"達成できる"、Relevant：適応策のアウトプットやアウトカムの成果と"関係性"を持つ、Timely：指標で知りたいことが実際にわかるという点において"タイムリー"である）の5つがよく知られています。このとき、成果と関係性のある指標の設定が難しいとされています。例えば、「植林地の拡大率」という指標を適応に関する能力の強化として設定したとしても、それが必ずしも土砂災害に対する地盤強化や自然生態系における保水機能の向上につながるわけではありません。

　適応は長期的に改善を重ねながら取り組まなくてはならず、様々なステークホルダーが関与するため、適切で具体的な指標の設定が気候変動影響の評価に

役立ちます。モニタリングと評価では、同一の指標とシナリオを使うことが望ましいですが、指標に関しては、実施計画の過程（と継続した学習と改善）で明らかになった根拠に基づいて、再評価するとよいでしょう。これにより、定めておいた指標全体を変更する場合もあり得ます。すなわち、指標の見直しの仕組みを、モニタリングの中に組み込んでおくことも有効です。

IPCC WGII AR5 によれば、適応の必要性や効果の測定に最適な基準となる根拠は、徐々に増えてきているものの未だ限定的であり、現時点では、評価基準の選択に関する見解はまとまっていません。これは、政府、機関、コミュニティや個人などの主体ごとに価値や必要性、求める成果などが異なるためであり、基準の設定は容易ではありません。また、こうした基準は進捗を測定して取組みの効果に対するフィードバックを得るために必要ですが、適応の成果が把握できるようになるまでには時間がかかることや、状況や目的が時間とともに変化することから、設定するのが非常に難しいとされています。政策において活用可能な指標の設定には、過程や実装を追跡するだけでなく、期待する成果がどの程度上げられそうかを把握できるものがよいとされています。平成30年適応計画では、こうしたアウトカム指標や評価方法について、研究調査や諸外国における適応策の把握・評価方法の検討状況に関する調査を実施すると述べています。

5.7 コミュニケーション

⚡⚡⚡ 地域適応計画を広く知ってもらおう！

地方公共団体は、作成した地域適応計画を地方公共団体内外に広く周知し意見を求める必要があります（コミュニケーション）。この目的は、地方公共団体が取り組む施策を周知することで、ステークホルダーに取組みの効力や影響または恩恵がどの程度あるいはどのように及ぶかを知ってもらうためです。地方公共団体は策定した計画を近隣の都道府県や市町村にも周知するとよいでしょう。A-PLATでは、各地方公共団体の地域適応計画をまとめていますので、そうした場所を活用することもできます。

　上記の目的だけに限らず、本書の概念図ではコミュニケーションを中心に据えています。気候変動の影響をステークホルダーで共有し、それぞれが主体的に取り組むためには情報を共有しながら、適応に関するニーズを把握し、得られた経験から学習したことを活かして今後の適応方針を決める過程を繰り返すことが、気候変動へのリスクと不確実性に対処するいちばん重要な手段だからであり、これにはコミュニケーションが必須だからです。

　気候変動適応に関するコミュニケーションでは、リスクと不確実性を適切に伝えることが重要です。そのためには、(1) 聞き手に情報を届ける物理的な近さ、(2) 異なるタイプの不確実性（気候変動の科学的な不確実性と社会変化の不確実性など）を区別して説明する手順、(3) その情報で聞き手ができることは何かを説明し、不確実性のある中で意思決定を行う方法（例：予防原則や反復的リスクマネジメントなど）を示すことで、主体を明らかにする、(4) リスクと機会に対する個人の認識は価値観によって異なること、(5) 感情が判断の際には重要な部分を占めるとの認識、さらに (6) 聞き手が原因と結果を結びつけて理解するための行動のイメージ、が重要となります。

　具体的には、(1) ではセミナーやシンポジウム、参加型のワークショップなどが挙げられるでしょう。(2) や (3) など不確実性への対処は、実際に適応策を検討する適応推進チームのメンバーが気候変動適応センターや地域気候変動適応センターなどと連携しながら、各部署の施策担当者と適切にコミュニケーションを図りながら考える必要があります。(4) については、実施する適応策がどのように地域に受け止められるかについて、地方公共団体と住民や事業者がその地域の価値観を取り入れながら検討していく過程で重要でしょう。また、(5) については、オランダのロッテルダム市のように、国と地方公共団体が大型の堤防を建築することについて、地域住民が壁と暮らすよりも水と共存することを選択するというように、物理的な効果よりも気持ちを重視した例もあります。(6) については、気候変動が将来に及ぼす影響を地域で共有し、従来のやり方がこれからも適切かどうか判断するきっかけにつながります。

5.8 地域適応計画の事例

国内編（1）：徳島県「徳島県気候変動適応戦略」

　策定年：平成 28 年 10 月

　計画期間：平成 28 年度から平成 32 年度の 5 年間

　県面積：4,146.75 km^2　人口：721,721 人（令和 2 年 9 月）

　今後の気候変動により、今まで以上に県民生活に関する幅広い分野での影響が懸念されることから、できる限りリスクを低減するため、地域ごとの特性を踏まえ、「速やかに回復可能な社会「気候変動を迎え撃つ、強靭でしなやかなとくしまづくり」」を目指しています。

ここがポイント！その 1「適応の主流化」

　「戦略を展開する基本的視点」では「適応策の主流化」をかかげ、県の総合計画から環境基本計画など、県の政策や取組みに「適応」の視点を組み込んでいます。

ここがポイント！その 2「気候の変動と各分野での影響を紐づけてモニタリング」

　気候変動を表すパラメータ（気温・降水量・海水面上昇・海水温上昇、

表 5-5　気候パラメータ例（徳島県気候変動適応戦略）

2　気候の各変化に対応した各分野の影響・取組み一覧
2.2　「降水量の変化」に関連する影響

県土保全

	現状	将来予測	現在の取組み	今後の方向性
河川・沿岸	日降水量が 100 mm 以上の大雨の日数は西日本、県内ともに増加傾向	「年最大流域平均雨量」、「基本高水を超える洪水の発生頻度」の増加等、水害が頻発・激甚化	・河川管理施設、海岸保全施設等の整備 ・水防体制の充実・強化	**自然災害を迎え撃つ「県土強じん化」** ・「治水・利水等流域水管理条例（仮称）」を制定し、事前防災・減災へ積極展開 ・河川、海岸施設の整備を推進し、被害を最小化 ・県民の防災意識の向上 **地域資源を活かした防災・減災体制の強化** ・生態系を活用した防災・減災のあり方について調査研究

表 5-6 分野別影響に対する施策内容・予算・担当室課の整理
(令和2年度岩手県気候変動適応策取組方針に係る適応施策一覧抜粋)

国の適応計画区分			R2年度						担当室課
分野	大項目	小項目	現在の影響	将来の影響	具体的な適応施策	事業名等	当初予算額(千円)	事業等の概要	
農林、森林・林業、水産業	農業	水稲	すでに全国で、高温による品質の低下等の影響が確認されており、本県でも高温耐性に優れた水稲品種の育成が行われている。	登熟期間の気温が上昇することにより、全国的に品質低下が予測される。また、「環境省環境研究総合推進費S-8温暖化影響評価・適応策に関する総合的研究」(以下"S-8研究"という)における研究成果では、収量を重視した場合は、全ての気候モデルにおいて収量が増加すると予測されているが、品質を重視した場合は、複数の気候モデルにおいて、21世紀末には収量が減少すると予測されている。	環境に適応した新たな水稲品種の育成・高温登熟耐性に優れる品種や登熟温度によるアミロース変動が小さい品種の育成を行う。	新たな価値を創造する水稲育種基盤強化事業	7,658	ゲノム解析技術および独自遺伝子資源の活用による、栽培環境変化等に対応した新たな特性を有する水稲育種素材の充実化(平成31年度〜継続課題)	農業研究センター
		果樹	成熟期のリンゴやブドウの着色不良・着色遅延等が全国的に報告されており、岩手県でも、リンゴの一部品種で着色不良が確認されている。	リンゴの栽培に有利な温度帯が年々北上すると予測される等、本県においても、高温による生育不良や栽培適地の変化等による品質低下等が懸念される。	**果実品質の変動要因解明** 安定生産に向けた果樹の生育・生態の把握と、果実品質の変動要因の解明を行う。	果実品質の変動要因解明	17	安定生産に向けた果樹の生育・生態の把握と、果実品質の変動要因の解明(平成31年度〜継続課題)	農業研究センター
		園芸作物	近年、頻発する台風や大雪等の自然災害により、園芸施設の倒壊や破損の被害が発生している。	自然災害により、園芸施設が被害を受けるリスクが高まる可能性がある。	**農業用ハウス強じん化緊急対策事業** 老朽化等により耐候性が不十分な農業用ハウスの補強や暴風ネットの設置等を支援。	農業用ハウス強じん化緊急対策事業	9,898	農業用ハウスの災害被害を軽減するため、老朽化等により十分な耐候性がない農業用ハウスの補強や防風ネットの設置等の対策を支援。	農業園芸課

詳細は 4.2 節「気候変動影響の把握」を参照）と、それがもたらす現在と将来の予測を把握し、取組みと今後の方向性を定めています（表5-5）。さらに、庁内の「環境対策推進本部」と外部有識者を交えた「環境審議会気候変動部会」で進捗状況を毎年点検評価し、ウェブサイトで公開しています。

国内編（2）：岩手県「岩手県気候変動適応策取組方針」

策定年：令和 2 年 3 月

計画期間：次期岩手県地球温暖化対策実行計画の改定（2020 年予定）まで。ただし、中長期的な地域適応計画については、次期実行計画の策定に合わせて検討

県面積：15,275.01 km^2　人口：1,212,201 人（令和 2 年 10 月）

国の適応計画を勘案し、当面対策を進めるべき 7 分野・22 項目に取組みを分け、項目ごとの影響や関係部局の施策を整理したうえで、現時点における本県の適応策として取り組んでいく施策をまとめています（表 5-6）。

ここがポイント！「各施の担当部署・期間と関連事業（予算含む）を明記」

現在から将来の影響に対する各分野での施策に対応する担当部署および関連事業とその予算とを一覧で明記することで、施策の実装に必要な人的・資金的リソースの配分が明らかになり、モニタリングと評価を確実に実施できるようになります。こうした情報は、地域適応計画見直し時に前回の対応が十分だったかどうかを判断する基準としても活用できます。

国内編（3）：鹿児島県「鹿児島県地球温暖化対策実行計画」

策定年：平成 30 年 3 月

計画期間：2018 年度から 2030 年度までの 13 年間

県面積：9,187.06 km^2　人口：1,588,733 人（令和 2 年 11 月）

国の「気候変動の影響への適応計画」を踏まえて、県においてすでに表れている、若しくは生じると予測される影響を評価し（表 5-7）、その結果により適応策の優先度を整理し、わかりやすく提示しています。

ここがポイント！「適応策の実施時期を特定」

国の影響評価結果に基づいて県での影響を新たに評価したうえで、各施

表5-7 県の影響評価・施策の総合評価（鹿児島県地球温暖化対策実行計画抜粋）

分野	大項目	中・小項目	影響評価（国）			影響評価（県）			総合評価
			重大性	緊急性	確信度	重大性	緊急性	確信度	
農業、森林・林業、水産業	農業	水稲	●	●	●	●	▲	▲	◎
		果樹	●	●	●	●	▲	▲	◎
		土地利用型作物（麦、大豆、飼料作物等）	●	▲	▲	◇	□	—	△
		園芸作物（野菜）	—	▲	▲	●	▲	▲	○
		畜産	●	▲	▲	●	●	▲	○
		病害虫・雑草・動物感染症	●	●	●	●	●	●	◎
		農業生産基盤	●	●	▲	●	●	▲	◎
		食品・飼料の安全確保				◇	□	—	△
	森林・林業	山地災害、治山・林道施設	●	●	▲	●	●	▲	◎
		人工林（木材生産）	●	●	□	●	—	—	△
		天然林（自然林・二次林）	●	▲	●	●	▲	●	○
		病害虫				—	□	—	△
		特用林産物	●	●	□	●	●	□	◎
	水産業	海面漁業（回遊性魚介類）	●	●	▲	—	—	—	△
		海面養殖業（増養殖等）	●	●	□				◎
		内水面漁業・養殖業（増養殖等）	●	●	□				△
		造成漁場（増養殖等）	●	●	□				△
		漁港・漁村（高潮・高波）	●	●	●	◇	▲	▲	○
	その他	農林水産業従事者の熱中症	●	●	●	●	—	—	△
		鳥獣害	●	●	●	—	—	—	△
		世界食糧需給予想				—	—	—	△

影響評価凡例

【重 大 性】 ●：特に大きい ◇：『特に大きい』とはいえない ー：現状では評価できない
【緊 急 性】 ●：高い ▲：中程度 □：低い ー：現状では評価できない
【確 信 度】 ●：高い ▲：中程度 □：低い ー：現状では評価できない
【総合評価】 ◎：要施策 ○：計画期間内要施策 △：次期計画で検討

策の総合評価で「要施策」「期間内要施策」「次期計画で検討」の3段階
の時間枠で取り組むことを検討しています。

国内編（4）：兵庫県尼崎市「尼崎市地球温暖化対策推進計画」

　策定年：平成31年3月

　計画期間：2019年度から2030年度の12年間

　市域面積：50.72 km^2　人口：451,128人（令和2年11月）

　「基本理念　私たちのエネルギーを賢く活かせるまち　あまがさき」を掲
げ、市民、事業者、市の日ごろの思いや取組みを原動力（エネルギー）とし
て活かしつつ、効果的なエネルギー利用のできる都市への転換（緩和）と合
わせて気候変動の影響について備え（適応し）ています。

ここがポイント！　「地域の脆弱性を把握」

　　計画書の「第2章 尼崎市の社会的状況」で地域の脆弱性を特定し、「第
7章 適応策」で対策を検討しています。

国内編（5）：静岡県「静岡県の気候変動影響と適応取組方針」

　策定年：平成31年3月

　計画期間：2019年度から2030年度までの12年間

　県面積：7,777.35 km^2　人口：3,617,253人（令和2年11月）

　国の「気候変動の影響への適応計画」及び気候変動適応法を受けて、本県
の気候変動の影響による将来の被害を可能な限り軽減し、環境・経済・社会
の持続的向上を図るため、「適応取組方針」を策定しています。

ここがポイント！「中期的および長期的に県が目指す姿を明記」

　　取組方針の目標年度を2030年度までとしながら、今世紀末までの長期
的な展望を踏まえた計画となっており、中期的な適応と長期的な適応の方
向性をわかりやすく示しています。

　　具体的には、取組方針の目標年度である2030年度に向けては「影響予
測の精度を高め」ながら「農林水産業における高温体制品種・技術の開発」
などの適応を推進し、今世紀末には「被害の軽減」、「世界に誇る新たな特
産品の獲得」、「自然災害に強じんなコミュニティ作り」を目指しています。

国内編（6）：福岡県福岡市「FUKUOKA "COOL and ADAPT" PROJECT ～福岡市地球温暖化対策実行計画～」

　策定年：平成 28 年 12 月

　計画期間：2016 年度から 2030 年度までの 15 年間

　市域面積：343.46 km² 　人口：1,603,043 人（令和 2 年 9 月）

　すでに顕在化している気候変動の影響とそれに対する既存の適応策に言及しながら、今後必要となる適応策について災害防止・軽減の実現を中心にして示されています。

ここがポイント！「主体別の適応策の取組みを整理」

　　福岡市では市民、事業者、行政の連携・共働を図り、より高い効果を生み出すため、各主体の取組みを整理し明確化しています。そうすることで各々の役割と責任を認識し、中長期的な将来像の実現と計画取組みを着実に進めていくことができます。具体的な一例として、「自然災害に関する対策」の場合、下記のように示されています。

　市民：災害時への対応として自主防災組織を整備

　市民・事業者：住む地域のハザードマップ等で自然災害による被害を事前確認

　行政（市）：大雨時の浸水状況と非難行動に役立つ浸水ハザードマップの提供

海外編：アイルランド　「ダブリン市気候変動アクションプラン」

　策定年：2019 年

　計画期間　2019 年～ 2024 年の 6 年間

　市域面積：115 km²

　人口：554,554 人（2018 年）

　主な気候リスク：海面上昇、洪水、荒天、熱波

　エネルギー・交通・洪水対策・生態系を基本にした取組み・資源管理を柱に、緩和と適応の取組みを推進しています。

ここがポイント！　「地域気候変動適応センターと協働で、リスクの数値化（図 5-3）」

将来のリスク＝結果の重大性×リスク発現の確信度

将来のリスクの結果の程度（気象や気候変動による損失のレベル）：「ほとんどない」から「重大」まで

発現の確信度（将来リスクが発現する確率）：「ほとんどない」から「ほぼ確実に発現」まで

結果の程度と発現の確信度を5段階で評価する。両方の結果の積がリスクの大きさを示す。

結果の重大性	
重大	5
大きい	4
中程度	3
小さい	2
ほとんどない	1

×

リスク発現の確信度	
ほぼ確実に発現	5
おそらく発現	4
発現する可能性がある	3
発現の見込みは小さい	2
ほとんどない	1

＝

将来のリスク	
高リスク	15−25
中間リスク	7−14
低リスク	1−6

影響の発現分野	概　要	気候パラメータ	結果の重大性	発現の確信度	将来のリスク
河川・河口	降水量増加と海水面上昇により、出水と高潮時の逆流による増水のため河口付近の一般道の冠水の回数が増加し、交通網に与える影響が大きくなることが懸念される。	寒波	4	3	12
		熱波	2	4	8
		渇水期	3	5	15
		極端な大雨	4	3	12
		風の強さ(暴風等)	5	2	10
交通機関	寒波や降水量、風の勢力が増すことで、交通網に負荷がかかり、異常気象時に交通機関のサービスに支障が生じる。	寒波	5	3	15
		熱波	2	4	8
		渇水期	2	5	10
		極端な大雨	3	3	9
		風の強さ(暴風等)	4	2	8

図 5-3　リスクの計算式と、数値化された分野ごとのリスク

第6章
個人でできる適応

6.1 　地域／個人でできる適応

個人や地域コミュニティにとって重要な気候変動の影響

　日本は、気候や地形の変化に富み、それぞれの地域には特有の自然環境とそこに住む人々が育んできた文化があります。しかし、近年の気候変動の影響で、例えば寒い地方では、つららや湖の氷の張り具合でその年の豊作を占うなどの神事が執り行えなかったり、風物詩である氷柱や氷瀑ができないことで観光資源が損なわれるなどの問題が報告されています。また、海面に建てられていることで有名な広島県の厳島神社も海面上昇の影響を受けていると見られ、1990年代では回廊が海水に浸る回数は年間で5回以下でしたが、2000年頃から増加傾向にあり、2006年には年間22回も冠水したとの報告があります。また、夏の熱中症も注意が必要です。以前のように学生が体育祭の練習中や部活動の時間に体調不良を起こしたりするだけでなく、高齢者や体調不良の人が屋内で熱中症になる事例が多く見られるようになってきました。直面する気候変動による影響は地域によって様々で、暖かい地域と寒い地域とでは優先して取り組むべき適応も異なります。すなわち、適応はとても複雑で繊細なテーマなのです。だからこそ、私たち一人ひとりの「行動」が大切です。日々の生活の中で、身のまわりの自然や社会の変化に注意を傾け、意識して行動することは「気候変動影響への適応」への大きな一歩といえます。

気候変動適応法における個人の役割

　気候変動の影響は、地域の気候や社会経済状況の違いにより、全国各地で

異なるものであり、私たち一人ひとりの生活に及ぶものです。また、一人ひとりが日々の暮らしや仕事の中で気付いた小さな環境の変化や異変が、気候変動およびその影響に関する科学的知見の充実、さらには気候変動適応の推進に寄与することも十分考えられます。また、防災の一環としての地域住民への協力要請や、地域に根差したアイディアの提案など、国または地方公共団体が気候変動適応のために行う一部の施策の実施には、地域の協力が不可欠です。このように、気候変動適応法では、気候変動の影響や適応策の重要性について、教育の機会の活用や、地方公共団体や地域で活動している団体と連携した普及啓発等を通じて、世代や分野に応じて自らの問題として認識し、気候変動適応に関心と理解を深めることを国民の「努力義務」としています。

▒ 個人や地域コミュニティの役割

　わが国は自然災害が多いことから、平常時には堤防などのハード整備やハザードマップの作成などのソフト対策を実施し、災害時には救急救命、職員の現地派遣による人的支援、激甚災害指定や被災者生活再建支援法などによる資金的支援など、「公助」による取組みを継続してきました。

　しかし、広域的な大規模災害が発生した場合には、公助の限界についての懸念も指摘されています。事実、阪神・淡路大震災では、7割弱が家族も含む「自助」、3割が隣人などの「共助」により救出されており、「公助」である救助隊による救出は数％に過ぎなかったという調査結果もあります。人口減少により過疎化が進み、自主防災組織や消防団も減少傾向にあるなか、今後、災害を「他人事」ではなく「自分事」として捉え、国民一人ひとりが減災意識を高め、具体的な行動を起こすことが重要です。

　これは気候変動適応においても同様です。国や地方公共団体の取組みはもちろん重要ですが、地域コミュニティにおける助け合い（共助）、そして自ら行動を起こすこと（自助）が求められています。

　適応は、個人に直接的に関係することに絞っても、災害、熱中症など複数の分野に及びます。もちろん、分野ごとに取り組むべき個人の適応は異なります。災害であれば、豪雨を想定した事前の備えや避難の意識の醸成、熱中

症であれば夏季の体調管理など、それらに必要な知識や情報の蓄積など、備えが重要です。

　地域コミュニティの役割の重要性も認識が高まっています。平成 30 年 7 月に発生した西日本豪雨災害に関するアンケート結果によれば、以下のようなことが確認されています。

・地域コミュニティがしっかりしている地域では、避難行動がとられている
・町内組織・近隣・家族・友人の呼びかけをきっかけに避難を考えた人は、他に比べて避難している人の比率が高い

　身近に暮らしている人たちが声を掛け合うことで、効果的に避難ができていたことがうかがわれます。地域コミュニティは個人の適応を促進し、地域全体が必要とする適応を補完することができると考えられます。

　一方、日本でも欧米でも、災害の被害を避けるために避難の指示や命令などが発令されても、避難する人びとの割合が 50% を超えることはほとんどないという調査結果もあります。私たちは、ある範囲までの異常は、異常だと感じずに、正常の範囲内のものとして処理する心理になっています。このような心のメカニズムを「正常性バイアス」といいます。もともとは、私たちが過度に何かをおそれたり、不安にならないために働いているはずなのですが、災害時には、「まだ大丈夫」、「自分だけは大丈夫」、「今まで問題なかったから今回も大丈夫」という勝手な思い込みの元となり、避難が遅れる原因となるといいます。個人や地域コミュニティは、自らがそのような状態に陥らないようにお互いが認識を共有していくことが重要です。特に、気候変動が進行するにつれリスクは拡大することが想定されるため、これまでの常識にとらわれずに必要な対応を考え実行していくことが求められています。

6.2　日本における適応策の事例

気象庁 危険度分布等の活用

　気象庁は大雨警報や洪水警報の危険度分布、高解像度降水ナウキャスト等をウェブ上で発信しています。例えば、洪水警報の危険度分布（**図 6-1**）は、

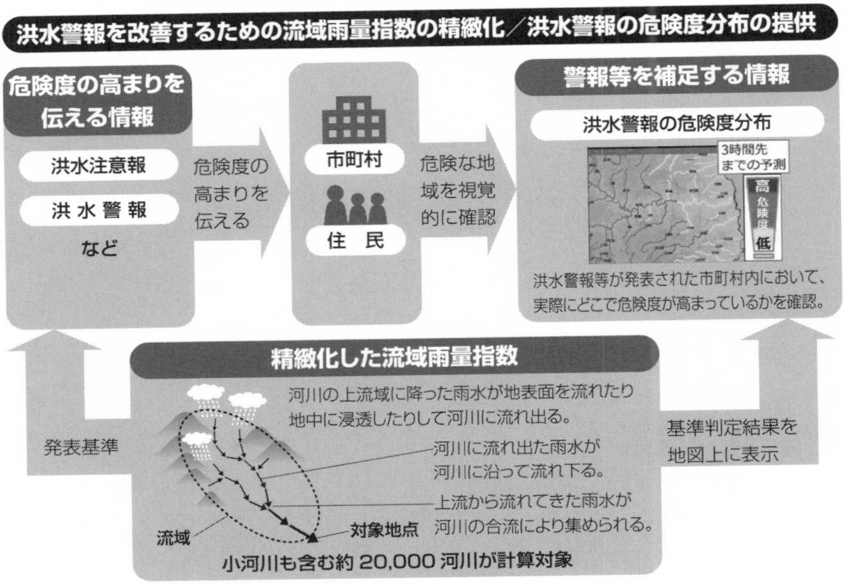

図 6-1　洪水警報の危険度分布

洪水警報を補足する情報です。指定河川洪水予報の発表対象ではない中小河川（水位周知河川およびその他河川）の洪水害発生の危険度の高まりの予測を示しており、洪水警報等が発表された時に、自分の家の近くの中小河川が洪水発生の危険があるかどうかを把握することができます。規模の大きな降雨がある際には、家の近くの河川に洪水発生の危険が無いか確認する習慣をつけておけば、提供される危険情報に基づいて避難行動を取ることができます。

防災スイッチ

　防災スイッチとは、『自分たちの身を自分たちで守るために地域の災害目印（過去の経験や前兆現象など）やいろんな災害情報（気象情報や河川情報など）を利用して災害時の行動タイミングを前もって考えるもの』（「防災スイッチって、何？」京都大学防災研究所 気象水文リスク情報研究分野）とされています。注目される１つが兵庫県宝塚市の川面地区の取組みです。川

面地区の防災スイッチはリアルタイムのデータと「自分たちの目」で確認した情報の2種類あります。

　まずデータを入手しやすくするため川面地区の防災情報のインターネット・ポータルサイトを作り、川面地区の現在の雨量や川の水位、監視カメラの映像、氾濫や土砂災害の危険性等の情報がワンクリックで簡単に確認することができるようにしています。それに加えて川やため池など「自分たちの目」で監視をする場所を決め、大雨の時には近所の住民が安全な場所から監視を続け、写真を撮ってインターネットなどで共有します。そして水位データが危険水位に近づいた時や、ため池の堤から水が漏れ始めた時、用水路があふれ始めた時、など地域ごとに「避難スイッチ」を決め、それに達したら自主防災会が住民に避難を呼びかけます（図6-2）。気候変動によりこれまで経験したことのない規模の降雨を経験するようになってきており、河川水位等実際の状況に基づいて、適切に避難が誘導される仕組みです。

熱中症環境保健マニュアル

　近年夏季になれば様々なメディアで熱中症の危険性について注意が発信されます。一方、毎年数百人が熱中症で亡くなっており、多い年は千人を超えています。死者の大部分は高齢者によって占められていますが、平成30年には小学1年生の男児が熱中症で死亡するという痛ましい事態も発生してい

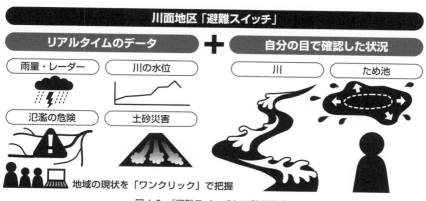

図 6-2 『避難スイッチ』で防災行動

ます。熱中症環境保健マニュアルでは、日常生活での注意事項として以下の6つの点が示されています。個人個人が熱中症の対策方法を知り日々気をつけることでリスクを低減させることが求められます。

(1) 暑さを避けましょう（行動の工夫、住まいの工夫、衣服の工夫）

(2) こまめに水分を補給しましょう

(3) 急に暑くなる日に注意しましょう

(4) 暑さに備えた体作りをしましょう

(5) 個人の条件を考慮しましょう

(6) 集団活動の場ではお互いに配慮しましょう

黒ノリ品種改良「みえのあかり」

　三重県では、黒ノリ養殖業が盛んであり漁期生産額は20億円にのぼります。しかし、近年では気候変動の影響により養殖開始の10月に海水温が十分に低下しない事態が生じています。海水温が23℃以上の環境下で黒ノリ養殖を開始するとノリが成長不良を起こしてしまい、それを考慮し開始時期を遅らせると養殖期間を短縮せざるを得ず、生産量が減少してしまうのです。そこで、三重県では2005年より海水温が高くても生育が可能な黒ノリ品種の開発を始め、高水温耐性品種「みえのあかり」を2010年に開発しました。開発後は三重県の漁場で養殖品種として「みえのあかり」を使用してもらい評価も良好であっただけでなく、生産者側でも養殖開始時の海水温の動向を確認するようになり、生産者の気候変動に対する意識にも変化がありました。現在も漁場ごとの環境特性を活かした養殖品種の開発が検討されています。

6.3　海外における適応の事例

洪水への備えのための排水溝における落ち葉の除去

　イギリスのコーンウォール州ロストウィジエイでは、2010年の11月に落ち葉が排水溝に詰まったことが原因で洪水に見舞われました。住民たちが落

ち葉による排水溝の詰まりが洪水の原因の１つとなったこと、またその対策の必要性を認識したことが契機となり、排水溝の落ち葉を取り除く活動が行われました。また、犯罪者が慈善事業を行う仕組みの中で、落ち葉の撤去作業が行われるようになりました。結果として、ロストウィジエイでは2012年の豪雨において、近隣の地域が洪水に見舞われる中、被害を受けませんでした。また、当該取組みは近隣の地域でも行われるようになっています。

気候変動に強い集合住宅

オランダのアムステルダムには、ある商業スペースを兼ね備えた多目的集合住宅があります。そこでは、住民や近隣住民に対して快適な空間を提供すべく、中庭には樹木、菜園、芝生や花々が植えられ、またベンチや温室が提供されています。中庭には気候変動の影響に対する様々な対策も組み込まれています。住民に対して、暑い夏には涼しい空間を提供し、雨水は乾季に備えて菜園のための水とすべく地下のタンクに蓄えられます。被覆されていない地面は、雨水の十分な浸透を可能としています。

気候変動適応ゲーム

赤十字に関連する研究機関（Red Cross/Red Crescent Climate Centre）とアメリカのエマーソン大学が共同して開発した気候変動適応に関連する

気候変動に強い集合住宅の機能例

ゲームであるレッツ適応（Let's Adapt）は、子どもや地域コミュニティに対して気候変動適応について教育を行うことを目的としています。

　気候変動についての事実や教訓は多分に科学的・学術的な方法で伝えられ、そのため多くの人の理解を妨げているところがあります。アジアの多くの国では彼らの科学や社会科学の授業において気候変動を教えようとしていますが、関連する能力やツールの不足によりうまく教えることができない状況が起きています。

　レッツ適応は、インタラクティブかつ視覚を利用した手法により、楽しく取り組めるように設計されています。子どもや地域コミュニティは関連するすべての用語を知らなくとも、気候変動に関する概念について理解することができます。

　レッツ適応は、6つのモジュール（①気候変動って何？、②なぜ起こっているの？、③どんな危険があるの？、④気候変動の影響からどうすれば安全でいられるの？、⑤どんな対策が有効なの？、⑥どうすれば変化を共有できるの？）からなり、子どもや地域コミュニティの学習を促進します。

　気候変動について教育を行う際には、レッツ適応は単独で使用することもできますし、他の教材の導入として使うこともできます。

気候変動適応ゲーム

7.1 事業者としての適応

事業者として行う適応の重要性

　第2章「適応の基本的な考え方」でも述べたように、事業者は自発的に適応する傾向があります。これは、気象災害のリスクに迅速に対処することが、事業の継続に重要であることが広く認識されているからかもしれません。気候変動による影響を軽減・回避するために生産地を切り替える、という適応策は多く見られます。例えば、原材料であるジャガイモを特定の地域で生産することを戦略としていた菓子メーカーが、異常気象により原材料が不足する危機に見舞われましたが、これを契機に今後の気候変動を考慮し生産地を分散させて安定供給を目指す方針に切り替えました。

　農業では気候変動を好機に捉えて積極的に活用する動きが多く見られます。ワインの原料であるブドウはもともと温暖な気候を好むため、アドリア海沿岸を中心に栽培されていましたが、紀元前300年頃に地球が温暖期に入るに従って栽培適地が北上し、今ではフランスやドイツも有名な栽培地になっています。北海道では、1998年頃から見られる気候の変化により、高級赤ワイン用ブドウの代表品種である「ピノ・ノワール」の栽培が可能になっています。

　気候による悪影響のリスクマネジメントとしてよく取り上げられるのが「保険」です。気候がもたらす被害が現実のものとなる前に保険を掛けることで、コスト面において損害を抑えることができます。天候デリバティブと呼ばれる保険は、異常気象等によるリスクを低減することを目的に設計されており、小売業や屋外営業による集客を主とする事業、エアコンや防寒衣料

など一定の季節に収益が集中する事業、物流や屋外工事など、天候によって
リスクが増大する事業を中心に活用されています。地方公共団体が独自に共
済を運営して、自然災害のリスクに備える取組みを行う例もあります。兵庫
県の公益財団法人・兵庫県住宅再建共済基金による「フェニックス共済」は、
災害者支援法による公助と住宅の所有者が自らが掛ける保険と組み合わせる
ことで、災害後の生活の早期再建を促すことを目的としています。

　住宅などの建築業では、街レベルのような広範囲での適応を広げる拠点に
なり、気候変動による影響を軽減する効果があります。一方で、事業者が気
候変動適応を真剣に考える機会はまだ多くありません。メキシコでは、政府
と企業が利益優先型の都市開発を行ったことにより、気候変動の影響に対す
るリスクが高まった例もあります。気候変動を考慮した開発や新築事業ある
いは改築工事などを進めるには、行政による新たな規制または既存の枠組み
の見直しなどが必要な場合があります。

　電気やガスといったインフラや公共交通機関などのライフラインを支える
事業も、気候変動の影響に適応する必要があります。イギリスでは、2008
年に施行された英国気候変動法が定める適応報告指令により、公共施設の運
営・管理を行う事業者が 5 年ごとに気候変動のリスク評価を行うことが求め
られています。このために必要な情報は、イギリス政府がオックスフォード
大学と共同で運営する英国気候影響プログラム UKCIP が提供しています。

　地方公共団体と民間事業者が協働することが相乗効果となって、持続可能
で気候変動に強じんな社会が構築できる可能性があります。適応法では、国
が事業者による気候変動適応および気候変動適応に資する事業活動の促進
を図るため、『必要な情報の収集、整理、分析及び提供を行う体制を確保す
る』ことを定めています。一方、事業者に対しては、『自らの事業活動を円
滑に実施するため、その事業活動の内容に即した気候変動適応に務めるとと
もに、国及び地方公共団体の気候変動適応に関する施策に協力するよう努め
る』ことが望まれています。各地域での事業者の取組みは、地方公共団体に
よって支援されることも適応法で定められています。これに基づいて環境省
は 2019 年に、「民間企業の気候変動適応ガイド」を発行しました。このガ
イドでは、短期的な気候リスクから、中長期的にビジネスを継続するため

表7-1 サプライチェーンの気候変動リストのチェックリスト

貴社のサプライヤーは:	貴社は:	貴社の顧客は:
☐ 脆弱な場所（川沿い、氾濫原、沿岸部）に立地しているか、もしくは、備蓄を行っているか？	☐ 過去の気象現象による職員や操業への影響が確認されているか？	☐ 気候変動をリスクとして認識しているか？
☐ （脆弱な）地理的地域に集まっているか？	☐ 脆弱な場所（沿岸部、氾濫原、川沿い）に立地しているかもしくは備蓄を行っているか？	☐ 製品や事業の持続可能性を促進しているか？
☐ 気象条件に敏感な原材料（農業資源、製造における水使用量が多い）を供給しているか？	☐ 代替可能なサプライヤーが単一または少数に限定されているか？	☐ 限られた数の製品を販売しているか、それは気候条件の影響を受けやすいか？
☐ 海上あるいは山岳地帯を長距離輸送しているか？	☐ エネルギーや水に大きく依存しているか？	☐ 脆弱または単一の場所に立地しているか？
☐ JIT（ジャスト・イン・タイム）方式のサプライヤーであるか、または脆弱な場所に備蓄をしているか？	☐ 工程等が冷却に依存しているか？	☐ 被災した際に迅速に回復できないリスクがあるか？
	☐ 海上あるいは山岳地帯を長距離輸送しているか？	☐ 脆弱な場所（川沿い、氾濫原、沿岸部）に立地する、もしくは備蓄を行っている他のサプライヤーに依存しているか？
	☐ 長寿命の資産を使っているか？	☐ （脆弱な）地域に集まっている、他のサプライヤーに依存しているか？

の指針を示しています。また、2011年10月のタイ大洪水では日系企業が多く被害を受け、サプライチェーンが寸断されたことなどもあり、サプライチェーンの気候変動リスク認識のチェックリスト（表7-1）を設けています。さらに、気候変動適応に戦略的に取り組むことで、ステークホルダーからの信頼を競争力の拡大につなげ、適応ビジネスとして展開するなどの利点があるとし、『「気候変動による事業環境の変化と自社の事業との関わりを正しく認識し、自社の事業活動の内容に即した気候変動適応」を行うことが大切』であると述べています。同ガイドではまた、地方公共団体と連携した適応で、企業価値向上につながるとし、相互に情報や技術、資源を共有することで、共通課題である気候変動影響に適応して取り組むことで、事業者あるいは地方公共団体単体では成し得ない効果を発揮することが期待されるとしています。

　地方公共団体では、地域の事業者向けのワークショップやシンポジウムを開催して、適応を周知する取組みが広がっています。また、横浜市のように

事業者と適応に関連する商品を共同開発する取組みなども見られ、公的機関と民間事業者の一層の協働が期待されます。

7.2 BCP と TCFD

❧ 事業の継続性を確保する BCP

事業継続計画（BCP）とは、事業者が自然災害などによる緊急事態にさらされた場合であっても、事業運営への影響を最小限にとどめつつ、事業を継続しながら早期復旧を可能とするために、平常時における準備や災害直後から事業を継続できるようにするために立てておく計画のことです（図7-1）。緊急事態は突然発生します。有効な手を打つことができなければ、事業が立ちいかなくなるおそれがあります。このため、平常時から BCP を周到に準備しておき、緊急時に事業の継続・早期復旧を図ることが重要です。

災害時の BCP で最近注目されているものの 1 つに、福祉施設が挙げられます。近年の自然災害の増加と甚大化に伴い、厚生労働省は災害時の福祉支援体制の整備について都道府県の取組みを支援するためのガイドラインを策定しています。また、地方公共団体では関連事業者に災害への備えを進めるよう呼びかけています。

大災害であっても福祉事業は福祉利用者のケアを継続しなければなりません。これを効果的に実施するためには、福祉施設が BCP を作成し、代替避難施設をあらかじめ決めておいたり避難先での備蓄について検討したりする必要があります。また、いざというときに利用者を避難させる訓練をしておく必要があります。このために、日常の地域活動を通じて助け合いやボランティアなどソフト面の対策を進めておくことも重要です。

❧ 投資家への気候リスク情報開示（TCFD）

気候リスクが企業の財務状況に影響を及ぼすことは、近年の災害からも明らかです。世界的にも拡大しつつあるこの問題は、投資家の間でも関心が高まっています。気候変動の影響が表れる時期やその影響の程度を予測するこ

とは難しいとされていますが、これについて企業がどのようにリスク対策を行っているかを開示することで、投資家の意思決定を支援し金融市場の安定化を図るために立ち上げられたのが、「気候関連財務情報開示タスクフォース（TCFD）」です。TCFD は気候変動に関する政策に対して中立の立場をとっており、気候変動が経営に与える影響とそれに対する耐性を開示することを狙いとしています。

　開示される内容には「ガバナンス」「戦略」「リスク管理」「指標と目標」といった、企業経営の中核要素を挙げており、これに対するリスクマネジメントが適切に実施されているかを評価することが重要とみなされています。しかし、気候変動によるリスクがいつ・どのような形で表れるかが不確実であることからリスクの開示は難しいとされていますが、シナリオ分析をあわせて開示することで企業の気候変動への耐性を示し、この困難を乗り越えようとの取組みが進められています。

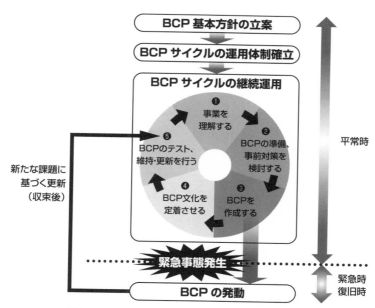

図 7-1　BCP 策定・運用、緊急時の発動についての全体像

7.3 適応事例：ビジネスチャンス

【海外】FDN グループ（オランダ・建築業）
　—災害をもたらす水を活かした建築設計—

　オランダの建設会社 FDN グループはそのユニークで革新的な建築技術から、数々の賞を受賞しています。同社の製品の1つには、浮かぶ家「フローティングハウス」があります。

　オランダは国土の3分の1が海抜0m以下のため、水害に見舞われることが多々ありました。この経験を活かして、海面上昇や洪水などに耐え得る水上に浮かぶ建築物を開発して気候変動に適応するためのソリューションを提供しています。こうした建築物は住居用のみならず、水上のレクリエーション施設や消防署などに使われています。

【海外】ヌリア渓谷リゾート（スペイン・スキー業）
　—気候変動を見据えた事業転換—

　ヨーロッパのアルプス地方では近年の気候変動の影響から雪不足のため、人工雪の技術開発やゲレンデを標高の高い場所に移すなど、様々な対策を講じていますが、2100年には年平均の降雪量が最大で25%減少することが予測されていることから、スペインのスキー場は、従来の事業体を大きく転換

フローティングハウス

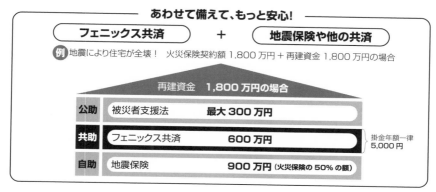

図 7-2　フェニックス共済

することで、気候変動の影響に適応したビジネスを展開しています。ヌリア渓谷のスキーリゾートは雪に頼らないレジャーとして、サイクリングコースやトレッキング、登山やスパなどを1年を通して提供しており、こうしたサービスがスキーを上回る集客につながっています。

【国内】兵庫県（保険業）
―公助と自助をつなぐ自然災害への備え―

　近年、記録的な大雨が続いており、これにより洪水や土砂災害に見舞われることが少なくありません。今後も、滝のように降る雨（1時間降水量50 mm 以上）の発生回数は今後増える傾向にあると予測されており、現在のように温室効果ガスを排出し続けた場合、21世紀末には全国平均で2倍以上になる地域もあるとの予測もあります。こうした災害のリスク対策として、兵庫県では、2005年9月に県独自の共済制度「兵庫県住宅再建共済制度（愛称：フェニックス共済）」を創設し、公助である国からの支援と自助である住宅所有者で備える保険とで不足する部分を共助で埋めることで、自然災害で被災された方の自力再建を支援しています（図7-2）。

【国内】デクセリアルズ株式会社（製造業）

―熱中症とヒートアイランドを同時に対策―

　都市部では、年平均気温が長期的に上昇しており、年間数百万規模で熱中症患者が救急搬送されています。室内でも熱中症になることが明らかになっていることから、この対策の1つとして開発されたのが、日射が差し込んで室内が暑くならないよう、窓ガラスに貼って近赤外線（熱線）を反射させるのが遮熱フィルムです。従来の遮熱フィルムを使用した場合、斜め上方から室内に差し込む熱線はフィルムに反射して斜め下に向かいます。つまり従来の遮熱フィルムでは、室内の暑さは和らげられる一方で、屋外を歩いている人にとっては反射した熱線がさらに加わってしまいます。

　これに対し、デクセリアルズ株式会社の熱線再帰フィルム「アルビード®」は、フィルム内部の特殊な反射膜によって、斜め上方向から入射する熱線を斜め上方向に反射させる仕組みになっています（**図7-3**）。熱線再帰フィルムを窓ガラスの内側に貼ることで、熱線を遮へいして室内の暑さを和らげる効果に加え、遮へいした熱線を天空に返すことで、地表に向かう熱線を低減

【既存日射調整技術】　　　　**【熱線再帰フィルムアルビード】**

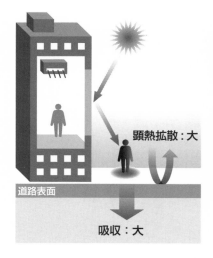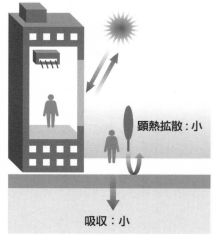

図7-3　熱線再帰フィルム「アルビード®」

する効果があります。室内の人がより快適になるだけでなく、屋外にいる人にも優しいのが特徴です。

【国内】住友化学株式会社（製造業）
―気候変動の影響による感染症増加を防ぐ―

　気候変動による気温上昇は、感染症媒介生物の分布・生息域を変化させ、感染症発生地域の拡大を引き起こし、それに伴い患者数が増加する可能性があります。住友化学株式会社では、もともと工場の虫除けの網戸として使われていた技術を、マラリアに苦しむ人々のために役立てられないかと考え、研究開発を積み重ねた結果、繰り返し洗濯をしても防虫効果が長期間持続する蚊帳「オリセット®ネット」を開発しました。この「オリセット®ネット」は、開発段階でポリエチレン樹脂に防虫剤を練り込み、薬剤を徐々に表面に染み出させることで繰り返しの使用を実現可能としました。

　気候変動の影響により蚊の繁殖エリアが拡大し蚊媒介感染症の増加が懸念される地域において、「オリセット®ネット」を販売し、さらにはタンザニアのA to Z社に製造技術を無償供与したことで、2003年9月には現地生産を開始しました。この事業を通じて最大7000人の現地雇用を生み出すなど、地域経済の発展にも貢献しています。

【国内】メビオール株式会社
―フィルム農法による土の要らない食糧生産―

　気候変動の影響は、干ばつや水不足による土壌劣化を引き起こすおそれがあります。メビオール株式会社が開発した「アイメック®」のフィルムを使用したフィルム農法はそういった農業分野での世界が直面する課題に挑む技術です。

　フィルム農法では、アイメック®のフィルムを土壌の代わりに使用することで、土壌や水がなくても作物を栽培することができます。アイメック®は医療用に開発した膜およびハイドロゲル技術を農業に活用したものであり、無数のナノサイズの穴が開いている薄いフィルムです。水と養分のみを穴で通すことで、フィルム上で果菜類・葉物などの農作物が育ちます。このフィ

ルム農法は、土耕栽培・水耕栽培どちらの問題点も解消する利点を持ちます。土耕栽培では、土壌づくりや水やりなどの技術の必要性や、砂漠や土壌汚染地、塩害地での農作物栽培の困難性が課題として挙げられますが、このフィルム農法は農業未経験者であっても農業に適さない地域であっても高品質な農作物生産を可能とします。また、水耕栽培では溶液の循環や殺菌設備などの初期投資や水、肥料、電気、重油などの運用費の高さなどが課題ですが、アイメック®システムは設置が容易かつ構造もシンプルで廉価であり、止水シートにより共有された水と肥料が外部に漏れないため水と肥料の使用量が大幅に少なくコストが大幅に削減できます。そのうえ、ハイドロゲル中の水分吸収が難しいことで農作物の糖度と栄養価も高く高品質となります。このような利点から少ない水資源で高栄養価の農作物生産が可能となり、干ばつや水不足の影響を軽減する適応策と期待されます。国内では大震災で被害を受けた地域や、海外ではUAEの砂漠や土壌汚染の心配がある上海近郊でのトマト生産の実績を持ちます。

【国内】日本電気株式会社
―自然災害の総合リスク管理システム　洪水モジュール―

　洪水の増加や土砂災害の激化といった水土砂関連の災害は、河川流域や沿岸部の居住地、農地、商業・工業地に大きな損害をもたらします。洪水が頻発するタイでの対策の一環として、日本電気株式会社（NEC）はタイの国家災害警報センター（NDWC）と共同で、同社の洪水シミュレーションシステムの有効性を北部ウッタラディット県において実証実験を行いました。NDWCにとって防災ICTにおける初の日・タイ協力プロジェクトであり、同社が総務省から受託していた「タイにおける洪水シミュレータの展開に向けた調査研究」として、在タイ日本国大使館との協力のうえ実施されました。このシステムは、洪水・土砂崩れ・地震など様々な自然災害を対象とした NEC の「総合リスク管理システム」の洪水災害モジュールであり、データ統合・視覚化・早期警報などの機能を有するリスク管理共通プラットフォームと、各災害に特化した機能を有する災害モジュールで構成されています。必要な災害モジュール・機能を選択して使用することや、いくつかの災害モ

ジュールを組み合わせて複数の災害を同時予測することも可能となっているものです。こうしたシステムの活用により、洪水による浸水区域・最大浸水高の予測が可能となり、危険地域に対する洪水発生前警報の発出を通じて被害の軽減に貢献可能な適応策となります。

【国内】シャボン玉石けん株式会社
―石けんの消火剤で森林火災をくい止める―

　気温上昇によって山地や森林の乾燥化が進み、森林火災の発生が引き起こされる可能性が高くなると懸念されています。森林火災は大気汚染、生態系破壊、二酸化炭素の放出など様々な問題をもたらします。1995年に発生した阪神・淡路大震災では、消火栓や水道管などが破裂し消火用水が確保できず被害が増大したことをきっかけに、少ない水でも消火可能な消火剤の必要性を認識した北九州消防局から開発依頼を受け、シャボン玉石けん株式会社は北九州市立大学などと石けん系消火剤を開発しました。石けん系消火剤の主成分である石けんは毒性が低いうえ、分解速度も速く、自然界のカルシウムやマグネシウムなどのミネラル分と結合することで海面活性が失われ生態系への影響も小さいのが特長です。2013年からはJICAの支援によって、インドネシア泥炭地火災向けの泡消火剤の研究開発・実証事業を実施しました。泥炭地における火災は大量の炭素を含む地中で進むことから、森林火災がひとたび発生すると消火は非常に困難であり、インドネシアは世界の熱帯泥炭地の約半分を有しています。この事業で開発した消火剤は高い発泡性と泡の安定性によって優れた消火性能を持つうえ、生分解しやすく、少量の水で消火が可能など、環境配慮型である点が評価されています。火災による泥炭からの煙害の減少や森林保護により動植物の生息域保全などに貢献するだけでなく、気候変動に起因する森林消失を抑制する適応策となっています。

【国内】ヤマハ発動機株式会社
―地域の社会的課題から生まれた水浄化ビジネス―

　気候変動影響による降水量の変化が、水資源の不足や水災害の増加をもたらすとされています。水災害の増加は水源の汚染を拡大させ、人々の健

康被害をもたらす可能性があります。ヤマハ発動機株式会社は、こうした水資源の不足や水環境の悪化を改善するため、水環境に恵まれない地域にきれいな水を供給する小型浄水装置「ヤマハクリーンウォーターシステム」を独自開発しています。きっかけとなったのは 1980 年代、同社インドネシアのバイク製造工場で働いていた駐在員家族から寄せられた「水道水が茶色く濁っていて困っている」という声でした。その後水浄化装置の開発を開始し、1991 年に家庭用浄水器の販売を開始しました。その後もインドネシア、ベトナム、カンボジアで、河川の水を利用した浄水装置の開発と実証実験プロジェクトを政府や国際機関などからの支援を受けながら行い、2010 年インドネシアにおける「ヤマハクリーンウォーターシステム」の販売開始を皮切りに、現在では他のアジア諸国、アフリカでもシステムの導入が進められています。気候変動に起因する下痢や発熱などの病気や住民の水くみ労働の負担増加などを改善可能な適応策となっています。

【国内】株式会社 NTT ドコモ
―ICT ブイで海洋環境の "見える化" を試みる―

　水産資源の資源量は海洋環境の海水温や海流などの変化の影響を強く受けます。そのため、気候変動による海水温の上昇などの変化が水産資源や漁業・養殖業にも影響を与え、品質低下・収量減少といった問題に結びつきます。このような問題は産地自体の衰退などの社会課題にまで発展しかねません。特に養殖業では海水温や塩分濃度の環境要因の情報が品質・収量の観点から重要視されており、変化する海洋環境に対し「勘と経験」に頼らない水産業の確立が、収量安定や水産業発展の面で喫緊の課題となっています。

　株式会社 NTT ドコモの「ICT ブイ 海洋環境の "見える化" システム」は、そういった課題を背景にパートナー企業・地方公共団体・漁業組合・大学との連携から生まれました。このシステムでは、ICT ブイに備え付けたセンサで海水温や塩分濃度などの海洋データを測定し、そのデータがクラウド上にアップロードされることでスマートフォンや携帯電話で海洋データの現在値および過去データを確認できます。スマートフォンアプリでは 1 時間ごとの海洋データが閲覧でき、生産者同士のコミュニケーションを図れる掲示板機

能や作業管理のための日誌機能、所定の値を超えた際に通知が来るアラート機能も使用できます。このシステムがこれまで見えなかった海洋環境を"見える化"することで、良質な水産物の安定供給に向けて新たな気づきと現場のイノベーションにもつながる適応策として期待されています。

【国内】大和ハウス工業株式会社
―環境センサで熱中症リスクに備える―

気温上昇に伴う夏場の猛暑日は年々増加する傾向にあり、熱中症リスクの高まりは見過ごせなくなってきています。屋外の作業が中心である建設業では、全産業の中でも熱中症発症割合が高く、従業員や作業員の生命と健康を危険にさらさないためには徹底した熱中症対策が重要です。

大和ハウス工業株式会社では、熱中症対策として熱中症予防教育の実施や日陰に休憩場所を設置することなどに加えて、メーカーと共同開発した環境センサ「WEATHERY（ウェザリー）」を建設現場に導入推進しています。「ウェザリー」には温湿度、風速、人感の3つのセンサが内蔵されており、基準値を超える温湿度や風速を検知すると表示灯と音声で作業員に警告します。熱中症リスク喚起のみでなく、侵入者の気配を感知して威嚇することで、不審者対策にも活用できるシステムです。検知した内容はクラウドサーバーを介して管理者にメールで通知され、オンラインでの状況確認も可能であり、不在の時でも現場の状況をリアルタイムで把握することができます。このように熱中症などのリスクを早い段階で認識して対処することで、災害の発生を未然に防ぐ効果的な適応策として期待されています。

7.4 適応事例：リスクマネジメント

【海外】チャイルドケア・アウェア・オブ・アメリカ（アメリカ・保育事業）
―自然災害から子どもを守るための情報を提供―

チャイルドケア・アウェア・オブ・アメリカは幼児・児童の生活向上を支援するNPO法人です。同機関が運営するチャイルドケア・アウェア・プロ

グラムは、子育てに関するアメリカ国内の様々な情報を一元的に配信する
サービスを提供しており、ウェブサイトを通じて子どもを対象にした防災
に関する情報やオンラインセミナーを配信しています。熱中症予防やハリ
ケーンや洪水などの防災対策から、被災後のケアなどを理解するためのリー
フレットや、国の支援機関のウェブサイトなどへのリンクが用意されていま
す。

【海外】カムデン郡水道局（アメリカ・水道事業）
―将来予測に基づいたコミュニティとの連携により下水氾濫の対策として グリーンインフラを導入―

　ニュージャージー州のカムデン郡水道局では、過去に大雨の影響と下水道
施設の老朽化が原因で下水が氾濫した経験があります。今後ますます強度を
増した大雨の頻度が増えることが予測されていることから、同水道局は将来
の気候変動に対する脆弱性を把握するために米国環境保護庁が開発した「気
候レジリエンス評価ツール（CREAT）」を使って、将来の脆弱性を評価しま
した。その結果を近隣住民と協議した結果、町に屋上緑化や街路樹の植樹、
雨水をためる水槽を設置するなどのグリーンインフラを導入して、大量の雨
水が一度に下水道に流れ込むのを低減する対策を実施しました。グリーンイ
ンフラを導入することで、小規模の嵐であれば下水道の氾濫を防ぐことがで
きるようになっただけではなく、近隣のコミュニティ再生にもつながりまし
た。こうした取組みは、全米各地で広まっています。

【国内】川崎重工業株式会社（重工業）
―海面上昇や異常高潮から港を守る防災水門を迅速に設置する技術を開発―

　IPCC WGII AR5 では、海面上昇や沿岸域の氾濫によりその資産に影響を
受ける都市をランキングしており、大阪―神戸の瀬戸内海沿岸はこの上位
20 都市に含まれています。
　川崎重工業株式会社は兵庫県の委託により淡路島の由良港に防災水門を設
置しました。防災水門は、異常高潮時に港を封鎖して水害から守る役割を果
たします。気候変動の影響による海面上昇が顕在化し始める中、こうした水

門の拡充が急がれています。

　従来の防潮水門では、水門の扉を支える下部工（水門の扉を支える鉄筋コンクリートの構造物）の設置には長い時間と海の閉め切りなどの制限がありましたが、下部工を現場で制作して曳航し沈設することにより、現地作業が短時間で済むなどの利点があります。

　由良港では、扉体の巻き上げ装置や操作室を民家風の建物の中に設置するなどの景観への配慮もなされています。

【国内】社会福祉法人秦ダイヤライフ福祉会特別養護老人ホームあざみの里（高知県・福祉施設）

—地方公共団体・町内会と連携した福祉避難所としての防災の取組み—

　気候変動により災害が増える・大型化することが予測される一方、高齢化社会も進んでいくとされています。災害が起こった際、こうした特別な配慮が必要な方々には、生活環境に配慮した避難所が必要です。これを受け、国は「福祉避難所の確保・運営ガイドライン」を作成し、各地方公共団体に対しそれぞれの地域の特性や実用等を踏まえて備えるよう呼びかけています。

　高知県は台風銀座と呼ばれるほど、台風が頻繁に上陸することで知られています。過去にも台風による被害があったことから、県内でも防災対策が進められています。

　特別養護老人ホームあざみの里は高台に位置し地盤も固いことから、災害時にもある程度の安全性が確保されること、また、平常時からコミュニティとの交流を積極的に行っていたことから、福祉避難所として指定されるようになりました。

　あざみの里では、指定を受けるにあたって周辺の町内会と独自の防災協定を結んでいます。また、毎年防災をテーマとした「ふれあい祭り」を行い、近隣の町内会で防災講演会や避難所スペースの見学会を行ったり、近隣の要配慮者の把握に努めるなどの避難体制を地域と共有し確認しています。こうした地域貢献の取組みが進む中、近隣住民からは「災害が起きて施設で困ったことがあったら行くからね」という協力の声も聞かれます。

　福祉施設がコミュニティの中で要配慮者のための避難施設としての役割を

担い、地方公共団体や近隣住民とともに積極的に災害に備える中で、共助の力が育まれています。

【国内】キーコーヒー株式会社
―コーヒーの優良品種栽培試験―

気候変動に伴う気温や湿度の上昇、雨量や降雨のタイミングの変化などが、コーヒーの生産現場に影響を与えています。このまま影響を受け続けると、2050年にはコーヒー（アラビカ種）栽培に適した土地は現在の50%にまで縮小するとの警鐘も鳴らされています。

そこでキーコーヒー株式会社は、コーヒーに関する国際的な研究機関「World Coffee Research」と協業し、世界各地から選抜されたコーヒーの優良品種を各国で栽培試験し、気候に強く味わい豊かな最適品種を発掘するプロジェクト「IMLVT（International Multi-Location Variety Trial）」に取り組んでいます。キーコーヒー株式会社がインドネシア・スラウェシ島トラジャで運営する直営農園の一部を研究場所として提供し、試験活動を行っています。

試験の結果に基づき最適な品種を明らかにし、また地域と情報・技術をシェアする適応策を推進することで、収量の増加や品質の向上とともに生産者の経済的向上が期待できます。

第 8 章

これからの適応

　2015 年 9 月、誰一人取り残さない世界を実現するため、「国連持続可能な開発サミット（国連サミット）」において持続可能な開発目標（SDGs）が定められました。同年の COP21 では、産業革命前からの地球の気温上昇を 2℃ 未満に保ち 1.5℃ に抑える努力をする「パリ協定」を発効しました。気候変動が私たちの社会に及ぼす影響はとても大きく、適応の取組みはそれぞれの国際協定の中で重要な位置を占めています。本章では、これまでの気候変動適応に関する国際的な流れを振り返りつつ、これからの適応のあり方について考えます。

8.1　世界での適応の流れ

🌿　SDGs・適応・国際防災枠組み

　SDGs の前身であるミレニアム開発（MDGs）は先進国が開発途上国の貧困や教育、保健などの開発問題の解決を支援する目的で、2001 年から 2015 年にかけて実施されました。ポスト MDGs とも呼ばれる SDGs では、MDGs の教訓を踏まえて環境・経済・社会分野を 3 本の柱とする持続可能な開発を目標にしています。SDGs では対象国をすべての国に広げ、気候変動や防災、生産と消費、自然エネルギーなども新たに課題に含まれることになりました。

　SDGs の 17 の目標は、国連サミットで採択された「我々の世界を変革する：持続可能な開発のための 2030 アジェンダ（2030 アジェンダ）」で設定され、150 を超える加盟国の首脳らが、地球環境の保護や人々の繁栄と平和のためにパートナーシップに基づいて 2030 年までにこのアジェンダに従ってそれ

ぞれのゴールを目指すことを宣言しました。2030 アジェンダでは、世界を持続的かつ強じんな道筋に移行させるために緊急に必要な大胆かつ変革的な手段を取るとし、このアジェンダのゴールを実現することができれば人々の生活は大幅に改善され、より良い世界へと変革を遂げることになるだろう、と述べています。

　気候変動への適応は、SDGs の「気候変動及びその影響を軽減するための緊急対策を講じる（ゴール 13：気候変動）」で取り上げられています。SDGs の 17 の目標にはそれぞれターゲットが定められており、ゴール 13 のターゲットは以下のとおりです。

13.1　すべての国々において、気候関連災害や自然災害に対する強じん性（レジリエンス）および適応力を強化する。

13.2　気候変動対策を国別の政策、戦略および計画に盛り込む。

13.3　気候変動の緩和、適応、影響軽減、および早期警告に関する教育、啓発、人的能力および制度機能を改善する。

13.a　重要な緩和行動の実施とその実施における透明性確保に関する開発途上国のニーズに対応するため、2020 年までにあらゆる供給源から年間 1,000 億ドルを共同で動員するという、UNFCCC の先進締約国によるコミットメントを実施し、可能な限り速やかに資本を投入して緑の気候基金を本格始動させる。

13.b　後発開発途上国および小島嶼開発途上国において、女性や青年、地方および社会的に疎外されたコミュニティに焦点を当てることを含め、気候変動関連の効果的な計画策定と管理のための能力を向上するメカニズムを推進する。

　IPCC AR5 では、気候変動に強じんな社会を構築するためには、国連防災機関の設ける枠組みを国の適応計画に取り入れることが重要であり、これまでの国際防災枠組みの目標の中には気候変動への対応も含まれていることから、減災と統合して進めることが適応の一助となるとしています。社会における開発の過程で、気候変動への曝露や脆弱性を生む構造に対処して適応能力を高めるために、災害リスクマネジメントが取り入れられるようになってきています。IPCC は 2012 年に発行した「気候変動への適応推進に向けた

極端現象および災害のリスク管理に関する特別報告書（Special Report on Managing the Risks of Extreme Events and Disasters to Advance Climate Change Adaptation：SREX）」の中で、適応と災害リスクマネジメントの重要性を強調しています。SREX では、気候変動の影響と災害マネジメントは適応の中核であり、例えば、兵庫行動枠組の目標が世界の地域の強じん性の指標として災害マネジメントの実装の進み具合をモニタリングして評価することで、適応取組みの状況が把握できるとしています。兵庫行動枠組の後継となる仙台防災枠組では、災害による死亡者数や被災者数、経済的な損失、インフラの損害、防災戦略の採用国の数や国際協力、早期警戒情報や災害リスク情報へのアクセスといった、ターゲットと呼ばれる具体的な指標が設定されています。

　SREX は、災害リスクの低減を目標とする国際枠組と適応は、人間社会の開発という広義に含まれることから、ミレニアム開発目標と重要な関係にあると指摘していました。国連サミットと国連防災機関は、SDGs と仙台防災

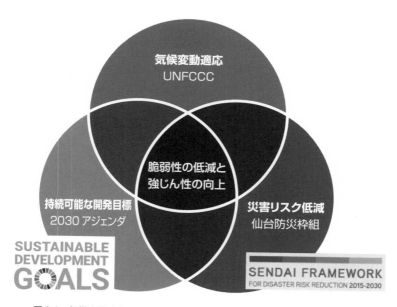

図 8-1　気候変動適応と SDGs、仙台防災枠組の統合による好機と対策

枠組としてそれぞれの活動を更新し2030年までの目標を新たに立てました。パリ協定を基礎とした気候変動適応の分野でも、SDGsや仙台防災枠組と緊密な連携を取りながら、気候変動の脆弱性を低減して強じんな社会を構築することを目指しています（図8-1）。

　日本でもこの2つの枠組みとパリ協定が定める目標に向かって適応の取組みが進められてきており、気候変動適応法が制定され気候変動適応計画が策定されました。このような世界のイニシアチブも日本の気候変動への取組みに影響を与えています。次節では、気候変動とその影響への対策が、地球温暖化防止に関する動きから適応の必要性が国際的に認められるようになったパリ協定成立までの経緯をたどります。

🖋 気候変動に対する国際的な動き

　1979年、WMOがGHG濃度の上昇による気候変動とその影響が社会経済活動に与える影響について懸念を表明しました。これを受け、1988年

図8-2　IPCCとおもな気候変動の国際交渉との関係

に地球規模の環境課題のための国際機関である国連環境計画（UNEP）と
WMO が、地球温暖化防止政策に必要な科学的根拠となる気候変動に関する
自然科学的および社会科学的な最新の科学的知見を、発表された研究結果を
もとに評価して報告する機関として IPCC を設立しました（図 8-2）。IPCC
は、参加国の代表者が出席する IPCC 総会で決まりますが、その活動はあ
くまでも政策的に中立であり特定の政策の提案を決して行うことはありませ
ん。

　IPCC が 1990 年に発行した第一次報告書により気候変動に対する国際取
組みの重要性が高まったことを受け、1992 年にブラジルのリオデジャネイ
ロで開催された地球サミットでは UNFCCC が採択され、1994 年に発効さ
れました（表 8-1）。155 か国が参加するこの条約では、大気中の GHG 濃
度を安定させることを最終的な目的としています。UNFCCC の中には、科
学上および技術上の助言に関する補助機関が設けられていて、UNFCCC の
活動を裏付ける科学的根拠に対し IPCC に情報を求めています。UNFCCC

表 8-1　IPCC 成果報告書と温暖化の国際交渉の関係

年	内容	報告書
1992年	**国連気候変動枠組条約 採択** 初めての温暖化防止条約、しかし行動は自主的	1990年 第1次評価報告書
1997年 COP3	**京都議定書 採択** 初めての法的拘束力のある削減目標を持った条約、ただし米離脱 （2001年）	1995年 第2次評価報告書
2005年 COP11/CMP1	**京都議定書 発効・モントリオール会議** 第2約束期間の目標の議論の場と、米中を入れた対話の場が発定	2001年 第3次評価報告書
2007年 COP13/CMP3	**バリ行動計画** 初めて米中を入れた 2013 年以降の新枠組みの正式な議論の場が発定	2007年 第4次評価報告書
2009年 COP15/CMP5	**コペンハーゲン合意** 初めて米と途上国が削減目標／行動を公約、しかし採択に至らず留意に留まる	
2010年 COP16/CMP6	**カンクン合意** コペンハーゲン合意をもとに国連で採択。ただし法的拘束力については先送り	2013〜14年 第5次評価報告書
2015年 COP21/CMP11	**パリ協定** すべての国が参加する法的拘束力のある協定	
2018年 COP23/CMA1	**パリ協定のルール決定** タラノア対話（促進対話＝パリ協定の目標引き上げの議論）	2018年 1.5℃特別報告書

では、参加国を 1990 年頃の経済状態を基準に先進国と途上国とに区分して、それぞれの目的は共通であるけれども責任の種類と重さは異なるという原則を設けており、先進国は資金供与や技術移転などで途上国支援の義務を負うことになっています。

UNFCCC の活動には COP を開催することが含まれており、1995 年から毎年開催されています。COP では、世界の GHG 排出削減に向けて、加盟国による精力的な議論が行われてきました。1997 年に京都で開催された COP3 において採択された「京都議定書」は、2008 年から 2012 年の間に GHG を 1990 年比で約 5％削減するという、2020 年までの GHG 排出削減の目標を世界で初めて定めた画期的な枠組みでした。しかしながら、先進国のみに削減目標に基づく削減義務が課せられ、一方で、中国・インドといった現在では先進国よりも GHG を多く排出するような国々には削減義務がなかったため、アメリカは、この点を理由の 1 つとして、京都議定書には参加しませんでした。この結果、京都議定書の枠組みは不十分なままの船出となってしまいました。一方、気候変動による影響は途上国ですでに表れてきており、それまで気候変動対策の中心であった「緩和」だけでなく、「適応」についても焦点を当てるべきとの声も強まってきました。こうした流れのなか、京都議定書に代わる「すべての国が参加する新たな枠組み」としてできあがったのが「パリ協定」です。2015 年 12 月にフランス・パリで開催された COP21 において採択されたこのパリ協定は、歴史上初めて先進国・開発途上国の区別なく気候変動対策の行動をとることを義務付けた歴史的な合意として、公平かつ実効的な気候変動対策のための協定となりました。

✑ パリ協定と 2℃目標

2016 年 4 月、ニューヨークの国連本部においてパリ協定の署名式が行われ、日本を含めた 175 の国と地域が署名をしました。同年 9 月に、世界の GHG 排出量シェア第 1 位と第 2 位である中国とアメリカが同時に締結したことで、世界の GHG 総排出量の 55％を占める 55 か国による締結という発効要件を満たし、採択から 1 年にも満たない 2016 年 11 月 4 日にパリ協定は正式に発効しました。日本も 11 月 8 日に本協定の締結について国会で承

認されました。

パリ協定では、世界の平均気温上昇を産業革命以前から2℃より十分低く抑えるとともに1.5℃までに上昇をとどめる努力を行う、という「2℃目標」を長期的な目標として設定し、これを達成するために、持続可能な開発に基づいたGHGの排出量削減に取り組むとしています。この2℃目標を達成するために同協定では、先進国・開発途上国の区別なくすべての国がGHG排出の削減目標と緩和策に関する約束草案（国が決定する貢献、Nationally Determined Contribution：NDC）を策定することで合意し、日本は2015年に「2020年以降の新たなGHG排出削減目標」を定めてUNFCCC事務局に提出しています。

🖋 パリ協定における適応

GHGの排出を直ちにゼロにしても、気候変動の影響はしばらく続くと予想されており、今後その影響による被害の悪化が懸念されていることから、パリ協定では緩和とともに適応にも取り組むことで合意しました。第7条に適応に関する取決めが包括的に記されています。

第7条第1項では、「持続可能な開発に貢献し、および適応に関する適当な対応を確保するため、この協定により、気候変動への適応に関する能力の向上並びに気候変動に対する強じん性の強化および脆弱性の減少という適応に関する世界全体の目標を定める」とし、パリ協定における適応の目標が設定されています。この目標は定性的ではありますが、気候変動の政策の中で初めて適応の世界目標が立てられたという点で、非常に意義があるものです。第2項では開発途上国は気候変動の影響に特に脆弱であるため、適応の取組みが喫緊の課題であることを示し、続く第3項では開発途上国にも適応の努力が求められることが明示されています。

第4項では、現在の状況でも適応が必要であること、緩和策を一層進めることで将来の適応の必要性が低減することを認識すること、と緩和の取組みが適応と深く関係することについて述べています。第5項が示す適応の進め方については、国が主導してジェンダーに配慮し適応取組みに参画できる仕組みを持った透明性のある取組み方法であること、そして気候変動の影響

に脆弱な人やコミュニティ、生態系を考慮して、利用可能な最新の科学に基づいて行うこと、また適当な場合には地域の伝統的な知識を取り入れて適応と社会経済政策や環境政策とそれに関する活動の統合を目指すこと、となっています。

　第6項から第8項は国際協力と支援に関する取決めです。途上国のニーズを考慮した国際協力と支援が重要であることが述べられており、効果的な適応の取組みを向上させるための支援方法が挙げられています。具体的には、グッドプラクティスや経験の共有、適応に必要な情報や知識、技術支援やガイダンスの提供、さらに気候サービスに対する情報提供と意思決定を支援する科学的な知識の拡充や、開発途上国が自国にとって有効な適応策やニーズを把握して優先順位をつけたり、適応の取組みに必要な支援を把握したりする活動を支援することなどがあります。

　各国の適応の具体的な取組みは、第9項から第12項までに記されています。各国が適応計画策定を含む政策を実施し、気候変動の影響と脆弱性を評価して適応の活動の優先順位を決め、定めた計画や政策などをモニタリングして評価しながら学習し、社会システムと生態系の強じん性を高めることが定められています。また、こうした適応に関する国内の情報を定期的に「適応報告書」として提出し更新することが求められています。この情報については、NDCや国の適応計画などに含めるなど、開発途上国に負担をかけない方法で提出してよいことになっています。また適応報告書は、UNFCCCが公的に記録し管理することを規定しています。また、第13項では、開発途上国が第9項から第12項までの具体的な取組みを実施していくために、資金、技術、能力強化の点で国際的な支援が提供されることを強調しています。第7条は、パリ協定の取組みを定期的に見直すグローバル・ストックテイク（後述）に適応も含まれることが示唆されています。また、グローバル・ストックテイクを含むパリ協定を実施する具体的な内容は、2018年のCOP24で採択されたルールブックにまとめられています。100ページを超えるこのルールブックでは、各国のGHG排出量の取組みである緩和に関するものや先進国から途上国への資金、技術移転の取組みにくわえ、各国の適応取組みやその進捗報告を「適応報告書」にして提出することが求められて

います（**図 8-3**）。

SDGs とパリ協定の着実な実施に向けたそれぞれの進捗管理

　気候変動や適応について、様々な取組みが加盟国の合意のもとで着手され
ていますが、こうした取組みが各国で確実に実施されるために、SDGs とパ
リ協定では進捗報告の仕組みを設けています。

　SDGs では進捗確認とその報告をフォローアップ・アンド・レビューと呼
んでおり、17 のゴールで設定された目標には、それぞれグローバル指標と
呼ばれる指標が定められています。例えば、ゴール 13.1 の「気候関連災害
や自然災害に対する強じん性（レジリエンス）および適応の能力を強化する」
に対しては、「10 万人当たりの災害による死者数、行方不明者数、直接的負
傷者数」がこれにあたります。（**表 8-2**）フォローアップ・アンド・レビュー
は任意ではありますが、2030 アジェンダでは加盟国は「地方、国、地域、
全世界レベルでの定期的且つ包摂的なレビューの実施に取り組む」ことに

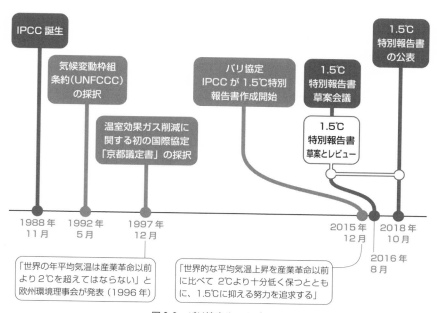

図 8-3　パリ協定ルールブック

表8-2 SDGsゴール13の指標一覧

ターゲット	指標
13.1 すべての国々において、気候関連災害や自然災害に対する強じん性（レジリエンス）および適応の能力を強化する。	**13.1.1** 10万人あたりの災害による死者数、行方不明者数、直接的負傷者数 （指標1.5.1および11.5.1と同一指標） **13.1.2** 仙台防災枠組2015-2030に沿った国家レベルの防災戦略を採択し実行している国の数 （指標1.5.3および11.b.1と同一指標） **13.1.3** 国家防災戦略に沿った地方レベルの防災戦略を採択し実行している地方政府の割合 （指標1.5.4および11.b.2と同一指標）
13.2 気候変動対策を国別の政策、戦略および計画に盛り込む。	**13.2.1** 気候変動の悪影響に適応し、食料生産を脅かさない方法で、気候強じん性や温室効果ガスの低排出型の発展を促進するための能力を増加させる統合的な政策/戦略/計画（国の適応計画、国が決定する貢献、国別報告書、隔年更新報告書その他を含む）の確立または運用を報告している国の数
13.3 気候変動の緩和、適応、影響軽減および早期警戒に関する教育、啓発、人的能力および制度機能を改善する。	**13.3.1** 緩和、適応、影響軽減および早期警戒を、初等、中等および高等教育のカリキュラムに組み込んでいる国の数 **13.3.2** 適応、緩和および技術移転を実施するための制度上、システム上、および個々人における能力構築の強化や開発行動を報告している国の数
13.a 重要な緩和行動の実施とその実施における透明性確保に関する開発途上国のニーズに対応するため、2020年までにあらゆる供給源から年間1000億ドルを共同で動員するという、UNFCCCの先進締約国によるコミットメントを実施するとともに、可能な限り速やかに資本を投入して緑の気候基金を本格始動させる。	**13.a.1** 2020〜2025年の間に1000億USドルコミットメントを実現するために必要となる1年あたりに投資される総USドル
13.b 後発開発途上国および小島しょ開発途上国において、女性や青年、地方および社会的に疎外されたコミュニティに焦点を当てることを含め、気候変動関連の効果的な計画策定と管理のための能力を向上するメカニズムを推進する。	**13.b.1** 女性や青年、地方および社会的に疎外されたコミュニティに焦点を当てることを含め、気候変動関連の効果的な計画策定と管理のための能力を向上させるメカニズムのために、専門的なサポートを受けている後発開発途上国や小島しょ開発途上国の数および財政、技術、能力構築を含む支援総額

なっています。

2019年11月、国連が初のフォローアップ・アンド・レビュー報告書「未来は今：持続可能な開発を達成するための科学」を発行しました。これによると、気候変動への対策をはじめいくつかの課題は現在のところ期待される成果を上げておらず、社会経済活動によって気候システムと自然生態系に本質的な変化が生じる転換点に迫っていると指摘し、これを回避するには食料やエネルギー、製品の製造と消費、そして都市のあり方をこれまでと大きく変革させることが必要とまとめています。変革には今ある何かを失う、例えば、化石燃料を消費する産業から他の産業へ転換する際に失業率が高まる、などのトレードオフが生じるため容易ではありませんが、変革により社会が受ける痛みを予見して緩和するために、しっかりとした科学的な裏付けが必要であると強調しています。気候変動はSDGsの様々な目標と密接に結びつくことから、変革的な取組みが一層待たれる分野です。パリ協定では、世界全体での実施状況の確認を「グローバル・ストックテイク」と呼んでいます。グローバル・ストックテイクの主な目標は、各国から緩和に関する計画を立ててGHG削減努力の約束草案であるNDCにまとめ、それを実施し、報告することで、「2℃目標」に対する世界の進捗を確認することになっています。

適応報告書の目的は、将来を見据えて優先順位を考慮した適応を計画的に実施することや、適応の世界目標である、「気候変動への適応に関する能力の向上並びに気候変動に対する強じん性の強化および脆弱性の減少」に対する進捗や貢献度を包括的に観察することで、グローバル・ストックテイクへの情報を提供し、さらに将来を見据えて優先順位を考慮した適応を計画的に実施できるようにすることです。適応報告書では、各国の現況や予測される影響やリスク、脆弱性とあわせて、生物多様性や自然などの重要なセクターの適応能力の分析、自然を活かした適応策を含む適応の取組み努力と実装の状況、実施過程で得られた教訓の報告とあわせて、開発途上国への支援状況も報告することが求められています。報告の方法は、緩和の取組みと合わせてNDCに含めてもよいし、国の適応計画として提出してもよいとされています。

図 8-4　パリ協定ルールブックの採択から排出ゼロ目標達成により
気候レジリエンスを実現する 2050 年までの道のり

　適応報告書は、グローバル・ストックテイクに貢献するために、適応の取組みの内容と、実施する活動が必要十分で効果的であるかどうかをレビューし、適応の世界目標への進捗を評価して次のステップとそこに至るまでのギャップについて明らかにすることが求められています。この報告は、透明性の枠組みに基づいて、情報が重複することなく整合性を保ち、取組みの努力と進捗を明らかにし、実践から得たことを共有することが期待されています。

　2020 年 1 月、パリ協定が開始されたことで、私たちは「ポストパリ協定時代」を迎えました。ルールブックができ具体的な取組みが明らかになった今、第 1 回目のグローバル・ストックテイクが行われる 2023 年に向けて、世界全体で適応取組みを前進させることが求められています（**図 8-4**）。

8.2 社会変動と気候変動

🌿 社会変動を考慮する必要性

　本書は気候変動適応、すなわち気候変動による影響に対してどのように対応していくかについて述べてきました。アジェンダ 2030 では、気候変動は世界最大の課題の１つであり、すべての国の持続可能な開発目標の達成に大きな影響を与えると述べています。気候変動による気温上昇、豪雨の増加、海面上昇、海の酸化を含めた様々な影響は、国家の存亡と地球上の生物の維持に必要なシステムに危機的な状況をもたらしています。しかしながら、私たちは気候変動以外にも様々な課題に直面しています。世界では、数十億人の人たちが貧困に苦しみ、国家間また国内においても経済的・社会的な格差が広がっています。また、紛争や暴力といった人道的危機や、就業や健康に対する懸念も地球規模で確認されています。こうした様々な社会問題は、干ばつ、砂漠化、水資源の欠如および農水産資源となる生物多様性の喪失といった、気候変動の影響により一層深刻化することが懸念されています。

　1.5℃特別報告書は、現在の世界は 2100 年までに平均気温が 3℃上がるシナリオをたどっていると指摘しています。また、パリ協定が目指す 1.5℃を超えて 2℃上昇した場合の気候変動の影響の被害はさらに大きくなり、適応策に係る費用も増加する警鐘を鳴らしています。ところが、世界全体での気候変動への取組みは、足並みがそろっているとはいえません。これは気候変動とその影響が各国の政策の中で課題の捉え方や重要度が異なるためです。たとえパリ協定に賛同し署名した国であっても、世界の平均気温上昇を産業革命時の 1.5℃未満に抑える取組みの優先順位は、国の経済成長戦略の優先順位より高くない場合もあります。実際、化石燃料に依存した経済政策を続ける国は少なくありません。

　気候も社会も常に変化しています。私たちは気候変動だけを意識して、不確実性を含む将来影響に日々取り組むことは不十分です。気候変動への適応に取り組む際には、社会の変わりゆく状況（社会変動）も適切に配慮することが肝要です。すなわち、私たちが安心・安全な生活を送るためには、社会変動と密接な関係を持つ脆弱性の要因（経済的、政治的、人口学的、文化的

など）を考慮して、取り組むべき課題の１つに気候変動を組み込むことが、適応の推進にも非常に重要です。一方、将来の気候変動は避けられないこと、対策が遅れるほど将来の負担が増えることが明らかになっていることから、現在の GHG 排出量を劇的に削減して 1.5℃目標を達成するために、今の人間活動を思い切って見直す社会変動を起こすことも求められています。

🖋 日本が抱える社会変動の課題と気候変動

　日本では、少子高齢化や人口減少によって山林や休耕地などの適切な管理が困難になる地域が増えたり、高度成長期に整えられたインフラの老朽化が進むことによる課題が指摘されています。こうした課題は気候変動の影響に対してより脆弱になるおそれがあることから、社会変動とともに適応計画や適応戦略を考えなくてはなりません。例えば、自然災害の被害を低減するために、家屋を改善・改築したり、堤防や土砂災害の対策といった公共事業を見直したり、持続可能なインフラシステムを構築することで、都市部の脆弱性と曝露を大幅に低減することができます。都道府県や国だけでなく市区町村、民間事業者や NPO、市民などで構成されるマルチレベルでの都市のリスクガバナンスや、政策やインセンティブと都市での適応を整合させること、地方公共団体やコミュニティの適応能力を高めること、民間事業者との相乗効果、そして適切な出資や制度の構築などが、都市での適応に恩恵をもたらします。能力の向上、数多くの意見、そして低所得グループや脆弱なコミュニティへの働きかけと、それらのグループと地方公共団体とのパートナーシップも適応に恩恵をもたらします。こうした取組みは短期的な対処ではなく、SDGs が目指す「持続的かつレジリエントな」形で発展していくことが重要です。

🖋 緩和、適応、持続可能な開発はどう結びつくのか？

　気候変動の時代にある現代では、気候や生態系、社会のシステムの複雑な相関関係を考慮した持続可能な開発の取組みが求められていることをお伝えしてきました。ここでは、SDGs の目標を実現するために、緩和と適応の組み合わせによる、気候に対して強じんな社会のこれからについて考えてみます。

　IPCCによると気候にレジリエントな経路とは、持続可能な開発に影響を与える気候やその他の様々な変化に継続して対応していく発展過程を指しており、これには緩和と適応を効果的に実施しながら柔軟で革新的な方法を取り入れた全員参加型の問題解決が求められます。気候にレジリエントな経路の行方は、世界が気候変動の緩和で成し遂げたいレベルによって決まるため、UNFCCCが規定する「気候系に対して危険な人為的干渉を及ぼす」こととならない「2℃目標」に基づいた持続可能な開発目標を支援することが指針となります。

　パリ協定やSDGsのゴール13でも、気候にレジリエントな経路の考え方を取り入れています。気候にレジリエントな経路では、大気中のGHGの濃度が上がることで持続可能な開発に長期的な影響が及ぶことを理解し、気候変動の影響に脆弱な人やモノを把握してリスクを低減する策を検討する過程を繰り返しながら、持続可能な開発目標と整合する行動に移すことを目指しています。この経路では、短期・長期の両方の時間枠での意思決定と行動が必要です。短期的には、これまでのGHGの排出による気候の変化に適応する社会を構築するために、増分型適応と変革型適応（第2章「適応の基本的な考え方」を参照）の両方を活用することが見込まれます。緩和策がこれからの持続可能な開発での気候にレジリエントな経路に大きな影響を与えます。緩和策の進み具合が思わしくない場合は、長期的には変革型適応の必要性が高まるかもしれません。世界の平均気温上昇に伴って、気候変動の影響の表れるタイミングや様子がこれまでと異なることから、気候にレジリエントな経路は気候変動の度合いと分けて考えることはできません。

　気候レジリエントな経路が緩和と適応と深い関係にあることや、それぞれの取組みが進むことがお互いにとって有利であることから、持続可能な開発の分野ではこの2つの気候変動対策を統合させようとしています。しかし、緩和と適応は検討する時間の範囲やステークホルダー、意思決定の責任の所在が異なることから、実際には野心的な試みといわれています。気候や開発に関する政策の分野では、持続可能な開発という共通目標に対して緩和と適応を組み合わせる「ウィン・ウィン」や「トリプルウィン」の施策が注目を集めています。こうした施策を立てる場合、①緩和・適応のどちらかの施策

を検討する際にはもう一方の策に負荷がかからないようにすること、②相乗効果を探すこと、③影響への対応能力（2.1.1 項「適応の定義」を参照）を高めること、④緩和と適応をつなぐ仕組みを作ること、そして、⑤持続可能な開発目標の中で緩和と適応の考え方や取組みを主流化させるようにすることに留意します。

緩和と適応の相関関係は背景によっては大きく異なるものの、相乗効果と合わせてトレードオフがあると指摘されています。適応は GHG の排出を増やす（例：気温が高いときに化石燃料に由来した電気によるエアコンを使用する）かもしれず、緩和は適応を阻害する（例：GHG 排出量を抑えるバイオエネルギー用の穀類生産に土地を利用することで生態系に負の影響を与える）かもしれません。また、緩和策や適応策が常に持続可能な開発と結びつくわけでもありません。例えば、洪水を防ぐダムの建設によって貧しい農村の生計が脅かされたりする例が報告されています。

一方で、気候変動のリスクを低減することが、その他のリスクへの管理能力を高めるため、緩和と適応を組み合わせて取り組むことがお互いにとって有益となる場合があるとの指摘もあります（**図 8-5**）。こうした相乗効果の好機は、時間とともに気候変動への適応が難しくなることから、早めに対策を考える必要があります。気候変動のもたらす影響が深刻化するにつれて、持続可能な開発に対する課題も大きくなっていきます。より高いレベルでの緩和の取組みを実施しなければ気候変動の影響は 21 世紀後半にはより甚大

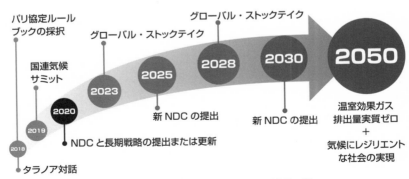

図 8-5　緩和・適応・トレードオフと相乗効果の例

化するかもしれず、それによるリスクや脆弱性を低減するために、変革型適応が必要になるかもしれません。さらに、気候変動が一定の範囲を超えてしまうと、持続可能な開発が実現できなくなる場所やシステムが出現するほどの影響が表れることが指摘されています。こうしたなかで、緩和策と適応策は気候リスクの低減にとって欠かせなくなっています。

8.3　トランスフォーメーション

🌿 トランスフォーメーションの定義

　2030アジェンダに定めるSDGsは、世界中すべての国と市民一人ひとりが取り組むべき目標であること、またSDGsの目標達成に気候変動が大きな影響を及ぼすこと、持続可能な開発は同時に気候にレジリエントな開発である必要があることをお伝えしました。こうした持続可能な開発の実現には、「トランスフォーメーション（変革）」が鍵となります。

　トランスフォーメーションは、自然および人間システムの基本的な特性の変化を意味します。トランスフォーメーションは、貧困の削減を含む持続可能な開発のための適応の促進に向けて、既存のパラダイム、目標、もしくは価値を調整したり強化したり、あるいは別々の意味を持っていたかもしれない目標や価値などを揃えたりすることを可能にしたりします。

　トランスフォーメーションは、生態系や経済、あるいは政策を含む社会のある条件下で、既存のシステムがもはや機能できなくなる時に起こるといわれています。また、システムにおいてあるフェーズから次のフェーズへと移行していく変化が、やがてトランスフォーメーションという大きな変化をもたらすことがあります。適応の視点から考えると、増分型適応だけでは、適応のニーズを満たせず、深刻な事態が不可避になることが予想される場合、トランスフォーメーションを伴う変革型適応が必要になります。

🌿 増分型適応と変革型適応

　第2章「適応の基本的な考え方」では、適応は既存の制度や状況を将来

の影響に備えて追加的に行う増分型と、そうした制度や状況を大きく変えて影響に備える変革型の2種類があることをお伝えしました。増分型適応がどこで行き詰まり、どこからトランスフォーメーションを伴う変革型適応が始まるかを検討するために、ここではこの2つの対応からいずれかを選択する際の意思決定の特徴を説明します。

　増分型適応と変革型適応の目指すところは、いずれも必要なシステムやプロセスの中核部分を維持することですが、前者が既存の組織体で今と同じような組織目標のために活動を続けていくことを目指して行われるのに対し、後者はあるシステムを構成する生物物理学的、社会的あるいは経済的な要素を（不可逆的というわけではないにしても）その形や機能、場所や状態を別のものへ変化させる非連続的なプロセスであって、現在から将来の環境の変化のなかで、私たちが望む価値を実現させる能力を拡張することに重きを置いています。すなわちこの2つの大きな違いは、目指す変化の程度にあります。増分型適応が既存のシステムやプロセスの中核の維持が目的であるのに対し、変革型適応は既存のシステムやプロセスの中核の中で行われることもあれば、全く新しいシステムやプロセスを創造することを目指すこともあります。

　適応の限界を超えてしまった場合、損失や損害が増大する可能性があり、ある主体の目的の一部がもはや達成不可能となってしまう可能性もあります。気候変動による実際の影響または予想される影響への対応として、あるシステムの基本的属性を変えるために、変革的適応が必要になるかもしれません。それには、従前の経験より規模または強度の大きい適応、ある地域またはシステムにとって新たな適応、あるいは場所を移動する適応か活動の種類を変える適応が含まれる可能性があります。

　変革型適応は、意図せず起こる場合もあれば意図的に実施することも可能ですが、気候変動の影響が顕在化している今、目的に基づいた意思決定によって実施しなくてはならなくなるかもしれません。

🖋 変革型適応の特徴—仕組みと目的、対象となるもの

　変革型適応は、それがもたらす変化の仕組み、変化の目的とその対象に

表 8-3 変革型適応の分類

分類	カテゴリー
変化の仕組み	イノベーション型
	全く新しい活動、あるいは新たな場所に新しい取組みを導入
	拡張型
	既存の活動を規模を大きくする、または集中的に実施
	再構築型
	適応のための内部統制や管理体制を大きく変更する
	方向転換型
	適応に関する社会的価値や社会の関係性を再構成する
気候リスク対応 の目的	手段型
	環境問題として気候リスクに対応
	発展型
	気候リスクに対する社会的脆弱性の低減
	抜本型
	気候リスクに対する脆弱性そのものへの対処

　よって分類することができます（**表 8-3**）。

　変革型適応の仕組みは、変化の仕組みと気候リスクに対応する目的の2つの側面から考えることができます。これらをさらに細分化すると、変化の仕組みでは、適応の取組みが全く新しいイノベーションであるのか、既存の活動の規模や程度を拡張したものか、管理体制の再構築を行うのか、あるいは社会的な価値や関係性の方向転換が必要になるのか、で区別することができます。

　また、気候リスク対応の目的の観点からは、社会全体の気候変動に対する脆弱性を低減して気候リスクを小さくすることを目的とするのか（手段型）、気候変動に対して脆弱性が高い社会的グループ（収入・性別・民族・健康状態や年齢など）に及ぼす不均衡な影響に対応することも検討する（発展型）のか、あるいは、社会的な脆弱性そのものへの対処を目指す（抜本型）のか、などが挙げられます。

　また、何に対する変革を起こすのか、という視点で捉えた場合、適応の取

組み自体を変革させるのか、あるいは適応の取組みを通して様々な開発要素を変革させるのか、という区分があります。

変革型適応に必要な視点

　変革型適応の特徴は、技術的・社会的な側面で規模の大きな変化が様々な形で生じることです。このため、変革型適応に取り組むには、いくつか注意すべき点があります。

　1つは時間です。現状では、変革型適応の計画から実装までにかかる時間について十分な検討がなされていませんが、変革型適応の必要性の認識や合意にかかる時間や、既存システムの変更や全く新しいシステムやプロセスを創造するには、その準備と実装にはかなりの長い時間が必要と考えられます。

　もう1つはトレードオフです。一部のステークホルダーにとって変革型適応が価値あるものだとしても、広範囲のシステムの変化を伴うことで、別のグループや異なる分野に負の影響を及ぼすことがあり得ます。変化の形が平等であるか、持続可能であるかを考慮し、変革型適応が必ずしもすべての関係者によい結果を導くとは限らない点に注意が必要です。

　変革型適応を推進する際には、その仕組みと目的を拡大解釈してとらえないように注意することも重要です。気候変動が既存の社会経済問題を深刻化させることを避けることがトランスフォーメーションの原動力となるといわれていますが、影響を受ける人々やシステムの脆弱性と曝露の度合いを軽減するための構造改革を進めるうちに、適応の取組みを超えた活動について議論が始まってしまう場合もあります。

　変革型適応の特徴にも注意する必要があります。例えば、方向転換を伴う変革型適応の場合、規制の対象といった公的な仕組みを変えたとしても、その運用の対象者の意識や行動が変わらなければ、期待される成果は望めません。そのため、変革型適応を検討する際には、社会的な学習や様々な議論への参画が重要であること、目的となる変革は複雑な社会における適応取組みの過程で見られることを認識すること、さらに多角的な検討に基づいて変革型適応を設計することが必要です。

　気候変動の影響が私たちの許容範囲を超えるリスクが表れる可能性、つまり適応の限界の存在は、気候変動の時代の中で持続可能な開発を進めるためには変革的な変化が必要であることを示唆しています。すなわち、気候変動の影響に適応するためだけではなく、気候変動と社会的脆弱性に寄与しているシステムと構造、経済的かつ社会的関係および信念と振る舞いを変えるために変革が求められているのです。しかしながら、適応策の中には倫理に敏感なものがあるように、変革にも倫理や平等の面で課題が生じる場合もあり得ます。強制的であれ計画的であれ、変革から生じるリスクをめぐる社会的議論は、国や地方公共団体、民間事業者や私たち個人が熟考を重ねながら持続可能性へと移行するプロセスと突き合わせつつ、将来に対するそれぞれの目標やビジョンの折り合いをつけるためにも、今後活発になることが期待されています。

🌿 パラダイムシフト

　2015 年の 2030 アジェンダとパリ協定の採択の後、日本政府は 2018 年に第五次環境基本計画を閣議決定しました。この中の気候変動対策では、経済の活性化や雇用の創出さらに地域が抱える問題の解決にもつながるように、「技術革新」を含めた環境・経済・社会の統合的な向上に資するような施策を推進するとして、省エネルギーや再生可能エネルギーの最大限の推進や技術開発の加速化と合わせて、「ライフスタイル・ワークスタイルの変革」を挙げています。こうした政府の目標は、世界の潮流に即して「今こそ、新たな文明社会を目指し、大きく考え方を転換（パラダイムシフト）していく時に来ている」ことを目指しています。

　パラダイムシフトは、科学者であり哲学者でもあるトマス・クーンが 1962 年にその著書『科学革命の構造』で公表した概念です。同書のまえがきで、クーンはパラダイムを、「広く認められた科学的業績で、一定の期間、（科学の）実践者コミュニティに対して問いや解の基準を与えるもの」としています。クーンは科学の発展の過程で見られる積み上げ式で安定した「通常の発展」に対して、非連続的な「革命的な発展」があることを指摘し、これまでの発展が基礎としていたパラダイムが消失することによって科学革命

が起こることを提唱しました。クーンの著書「コペルニクス革命」では、ギリシャ時代以来人々に広く信じられてきた天動説に対して、コペルニクスが地動説を唱えたことによって、人々の生活に根付いた宇宙観が転換し、西洋思想の枠組みを揺り動かす動乱が起こったと述べています。この変化の期間には、これまでのパラダイムに固執する人々から反発や抵抗を受けるため、混乱や不安や苦悩が起こるとされています。現在の科学はこうした過去のパラダイムシフトの上に成り立っています。コペルニクスの地動説をはじめ、ボーアやハイゼンベルクの量子力学、アインシュタインの相対性理論は、現在のパラダイムになっています。

　パラダイムの概念は今では広く解釈されるようになり、『広辞苑 第七版』では「一時代の支配的な物の見方や時代に共通の思考の枠組」と定義されています。社会的な側面からパラダイムシフトを探すと、現状打破が求められる時代に見つけることができます。例えば、18世紀のヨーロッパで起こった農業革命では、同じ土地で複数の農作物を育てる輪作により生産性が劇的に向上し、さらに資本家が地主から土地を借り受け労働者を雇って働かせる農場経営が誕生しましたが、これは気候変動によって不安定になった狩猟採集に代わる食料調達の手段が必要だったという説があります。近年だと、高度経済成長を目指した開発経路から持続可能な社会の開発の経路への転換が挙げられます。また、現代の感染症対策は新型コロナウイルスのパンデミックによってパラダイムシフトを経験しつつあるといえるかもしれません。

　地球とそこにある私たちの社会は、いまだかつてない規模の気候変動とその影響に直面する時代を迎えています。頻繁に更新される最高気温や未曾有の大雨などが、私たちの生活に大きな影響を与えています。こうした影響は、たとえ今すぐに温暖化を止めたとしてもしばらくは継続することが予測されており、今後、気候変動がさらに進行した場合には、今までの対策に加えて変革を伴う適応が求められる可能性が高まります。しかし、変革にはこれまでのやり方や考え方を変えるパラダイムシフトが求められます。こうした変化が及ぼす正と負の影響を最新の科学の知見をもとに考慮しつつ、これからも持続可能なより良い社会を実現するために、一人ひとりが考えていくことが求められています。

参考文献

[1] Adaptation trade-offs, Nature Climate Change **5**, 957 (2015).

[2] Alaska Public Media Newtok is on the move
(https://www.alaskapublic.org/2018/12/28/newtok-is-on-the-move)

[3] A-PLAT 気候変動適応情報プラットフォーム (https://adaptation-platform.nies.go.jp/)

[4] AP-PLAT Asia-Pacific Adaptation Information Platform (https://ap-plat.nies.go.jp/)

[5] Béné, C., Headey, D., Haddad, L. *et al.* : Is resilience a useful concept in the context of food security
and nutrition programmes? Some conceptual and practical considerations, Food Security **8**, 123
(2016).

[6] Child Care Aware® of America
(https://www.childcareaware.org/about/child-care-aware-of-america/)

[7] ClimateADAPT (https://climate-adapt.eea.europa.eu/)

[8] CNN Are parts of India becoming too hot for humans?
(https://edition.cnn.com/2019/07/03/asia/india-heat-wave-survival-hnk-intl/index.html)

[9] CoastAdapt (https://coastadapt.com.au/)

[10] DEFRA : 『気候変動への適応 : 主要部門の気候変動適応に向けた支援 適応組織への法定ガイダンス
2009』(2009).

[11] Donatti, C.I., Harvey, C.A., Hole, D. *et al.* : Indicators to measure the climate change adaptation
outcomes of ecosystem-based adaptation, Climatic Change **158**, 413 (2020).

[12] Dublin City Council : Climate Change Action Plan 2019-2024, (2019).

[13] Engle, N.L. : Adaptive capacity and its assessment, Global Environmental Change **21**, 647 (2011).

[14] European Commission Green Infrastructure and Climate Adaptation (https://ec.europa.eu/
environment/nature/ecosystems/pdf/Green%20Infrastructure/GI_climate_adaptation.pdf)

[15] Fankhauser, S., and McDermott, T.K.J. : Understanding the adaptation deficit: Why are poor
countries more vulnerable to climate events than rich countries? Global Environmental Change
27, 9 (2014).

[16] Fankhauser, S., Smith, J.B., and Tol, R.S.J. : Weathering climate change: Some simple rules to
guide adaptation decisions, Ecological Economics **30**, 67 (1999).

[17] FDN Introduction (https://www.fdn-engineering.nl/introduction)

[18] Helen Elizabeth Clark : 学術の動向, **24**, 3, 20 (2019).

[19] International Institute for Environment and Development: Webinar: What does successful
adaptation look like, and what do we want to measure in the context of adaptation, natinal
development and SDGs? (https://www.iied.org/webinar-what-does-successful-adaptation-look-what-
do-we-want-measure-context-adaptation-national)

[20] IPCC (https://www.ipcc.ch/)

[21] IPCC : "Managing the Risks of Extreme Events and Disasters to Advance Climate Change
Adaptation. A Special Report of Working Groups I and II of the Intergovernmental Panel on
Climate Change" : Cambridge University Press (2012).

[22] IPCC :"Contribution of Working Group II to the Fifth Assessment Report of the Intergovernmental
Panel on Climate Change" : Cambridge University Press (2014).

[23] IPCC : "Global Warming of 1.5℃. An IPCC Special Report on the impacts of global warming of 1.5℃
above pre-industrial levels and related global greenhouse gas emission pathways, in the context of

strengthening the global response to the threat of climate change, sustainable development, and efforts to eradicate poverty" (2018).

[24] IPCC: "Summary for Policymakers. In: Climate Change and Land: an IPCC special report on climate change, desertification, land degradation, sustainable land management, food security, and greenhouse gas fluxes in terrestrial ecosystems" (2019).

[25] ISO ISO/TC207/SC7 Progress on ISO 14091 Adaptation to Climate Change – Vulnerability, impacts and risk assessment (https://committee.iso.org/sites/tc207sc7/home/news/content-left-area/news-and-updates/progress-on-iso-14091-adaptation.html)

[26] ISO ISO/TC207/SC7 14092:2020 Adaptation to climate change - Requirements and guidance on adaptation planning for local governments and communities (https://www.iso.org/standard/68509.html)

[27] Kazmierczak, A., and Carter, J.: Adaptation to climate change using green and blue infrastructure. A database of case studies, University of Manchester 182 (2010).

[28] Klein, R.J.T.: Adaptation to climate variability and change: What is optimal and appropriate? In "Climate Change in the Mediterranean: Socio-Economic Perspectives of Impacts, Vulnerability and Adaptation", Edward Elgar Publishing Ltd. (2003).

[29] Mayo county council Minister Bruton officially launches the Climate Action Regional Office in Mayo County Council (https://www.advertiser.ie/mayo/article/106959/minister-bruton-officially-launches-the-climate-action-regional-office-in-mayo-county-council)

[30] Leal Filho, W., Noyola-Cherpitel, R., Medellín-Milán, P., Ruiz Vargas, V. (eds): "Sustainable Development Research and Practice in Mexico and Selected Latin American Countries", Springer (2018).

[31] Londsale, K., Pringle, P., and Turner, B.: "Transformational adaptation: what it is, why it matters and what is needed" UK Climate Impacts Programme, University of Oxford, OUCE (2015).

[32] McCarthy, N., Winters, P., Linares, A.M. *et al.*: Indicators to Assess the Effectiveness of Climate Change Projects. SSRN Electronic Journal (2019).

[33] NASA Arctic Sea Ice Trend Since 1979 (https://climate.nasa.gov/interactives/global-ice-viewer/#/3/7)

[34] NATIONAL GEOGRAPHIC Climate change has finally caught up to this Alaska village (https://www.nationalgeographic.com/science/2019/10/climate-change-finally-caught-up-to-this-alaska-village/)

[35] Network Rails: "Weather resilience and climate change adaptation strategy 2017-2019", Network Rails (2017).

[36] New Climate Institute Working Paper "Setting the Paris Agreement in Motion: Key Requirements for the Implementing Guidelines" (https://newclimate.org/2018/08/09/setting-the-paris-agreement-in-motion-key-requirements-for-the-implementing-guidelines/)

[37] NEWTOK RELOCATION QUARTERLY UPDATE Mertarvik accomplishments (https://s3-us-west-2.amazonaws.com/ktoo/2018/12/Newtok-Relocation-Quarterly-Update_2018-Oct_FINAL.pdf)

[38] NOAA Climate at a glance (https://www.ncdc.noaa.gov/cag/statewide/rankings/50/tavg/201905)

[39] Park, S.E., Marshall, N.A., Jakku, E. *et al.*: Informing adaptation responses to climate change through theories of transformation. Global Environmental Change **22**, 115 (2012).

[40] Plan International LET'S ADAPT: THE CLIMATE CHANGE ADAPTATION GAME (https://plan-international.org/lets-adapt-climate-change-adaptation-game)

[41] Preston, B. L., and Stafford-Smith, M.: "Framing vulnerability and adaptive capacity assessment:

Discussion paper" Aspendale: CSIRO Climate Adaptation National Research Flagship (2009).

[42] Rodrigues, L.C., Freire-González, J., Puig, A.G. *et al*. Climate Change Adaptation of Alpine Ski Tourism in Spain. Climate **6** (2018).

[43] Rahman, H.M.T., and Hickey, G.M.: What Does Autonomous Adaptation to Climate Change Have to Teach Public Policy and Planning About Avoiding the Risks of Maladaptation in Bangladesh? Frontiers in Environmental Science **7** (2019).

[44] Ranger, N., Millner, A., Dietz, S. *et al*.: Adaptation in the UK: A decision making process. Grantham/CCCEP Policy Brief (2010).

[45] Smit, B., Burton, I., Klein, R.J.T., and Wandel, J.: An anatomy of adaptation to climate change and variability. Climatic Change **45**, 223 (2000).

[46] Solaun, K., Eickhold, F., and Marquardt, M.: A New Narrative of Resilient and Climate Smart Societies: Aligning Adaptation, Mitigation and SDGs, Deutsche Gesellschaft für Internationale Zusammenarbeit (GIZ) GmbH (2020).

[47] トーマス・クーン (常石敬一訳):『コペルニクス革命』講談社学術文庫 (1989).

[48] トーマス・クーン (中山茂訳):『科学革命の構造』みすず書房 (1971).

[49] The Department of Communications, Climate Action and Environment of Ireland: Local Authority Adaptation Strategy Development Guidelines (2018).

[50] Tonmoy, F.N., Rissik, D., and Palutikof, J.P.: A three-tier risk assessment process for climate change adaptation at a local scale. Climatic Change **153**, 539 (2019).

[51] UKCIP Community Payback helps prevent flooding (https://www.ukcip.org.uk/community-payback-helps-prevent-flooding/)

[52] UNEP 日本語情報サイト UNEP について (https://ourplanet.jp/unep%E3%81%AB%E3%81%A4%E3%81%84%E3%81%A6)

[53] United Nations DESA (https://sdgs.un.org/)

[54] UNFCCC Secretariat: Opportunities and options for integrating climate change adaptation with the Sustainable Development Goals and the Sendai Framework for Disaster Risk Reduction 2015–2030 (2017).

[55] University of Oxford Ageing UK infrastructure systems need to be more joined up (http://www.ox.ac.uk/news/2012-01-24-ageing-uk-infrastructure-systems-need-be-more-joined)

[56] US EPA (https://www.epa.gov/)

[57] USGS Climate Adaptation Science Centers (https://www.usgs.gov/ecosystems/climate-adaptation-science-centers)

[58] Willows, R., Reynard, N., Meadowcroft, I. *et al*.: Climate adaptation: Risk, uncertainty and decision-making. UKCIP Technical Report. UK Climate Impacts Programme (2003).

[59] WMO WMO confirms 2019 as second hottest year on record (https://public.wmo.int/en/media/press-release/wmo-confirms-2019-second-hottest-year-record)

[60] World Resources Institute Working paper "ENHANCING NDCS BY 2020: ACHIEVING THE GOALS OF THE PARIS AGREEMENT" (https://files.wri.org/s3fs-public/WRI17_NDC.pdf)

[61] WWF Singapore: BRIEFING PAPER ON THE ADAPTATION ELEMENTS OF THE PARIS RULEBOOK (2018).

[62] WWF ジャパン WWF の活動 (https://www.wwf.or.jp/activities/)

[63] Zhu, X., Clements, R., Haggar, J., *et al*.: Technologies for Climate Change Adaptation - Agriculture Sector. Danmarks Tekniske Universitet, Risø Nationallaboratoriet for Bæredygtig Energi. TNA Guidebook Series (2011).

[64] 愛知県 新たな日光川水閘門を供用開始します!

(https://www.pref.aichi.jp/soshiki/kasen/sinsuikoumon201803.html)

[65]　朝日新聞コトバンク / 日本大百科全書 (ニッポニカ)「適応」
　　　(https://kotobank.jp/word/%E9%81%A9%E5%BF%9C-100764)

[66]　尼崎市 尼崎市地球温暖化対策推進計画 (尼崎市環境モデル都市アクションプラン)
　　　(https://www.city.amagasaki.hyogo.jp/shisei/si_kangae/si_keikaku/033ontaikeikaku.html)

[67]　石川幹人：生態学的構成主義の可能性 環境地理学との関連性の指摘, 情報コミュニケーション学研究, **17**, 47 (2017).

[68]　一般財団法人 地球・人間環境フォーラム 地球温暖化と台風〜その関連性と災害リスクへの対応〜台風の異変にどう向き合うか〜カルビーの経験から考える
　　　(https://www.gef.or.jp/globalnet201908/globalnet201908-3/)

[69]　一般社団法人 花巻観光協会 たろし滝測定会 イベントカレンダー
　　　(https://www.kanko-hanamaki.ne.jp/event/event_detail.php?id=58)

[70]　一般社団法人 秩父観光協会 三十槌の氷柱 今年度は閉園 (http://www.chichibuji.gr.jp/misotuti2020/)

[71]　岩手県 令和 2 年度岩手県気候変動適応策取組方針の策定について
　　　(https://www.pref.iwate.jp/kurashikankyou/kankyou/seisaku/ondanka/1018311.html)

[72]　沿岸部 (海岸) における気候変動の影響及び適応の方向性検討委員会：沿岸部 (海岸) における気候変動の影響及び適応の方向性 (2015).

[73]　大井通博：気候変動適応法について, 全国環境研会誌 **43**, 4 (2019).

[74]　大阪府 事業者向け温暖化「適応」セミナー「温暖化「適応」と持続的なビジネス展開」
　　　(http://www.pref.osaka.lg.jp/chikyukankyo/jigyotoppage/tekiou_biziness_r1.html)

[75]　大阪府 大阪府地球温暖化対策実行計画 (区域施策編)
　　　(http://www.pref.osaka.lg.jp/chikyukankyo/jigyotoppage/27_3keikaku.html)

[76]　岡山県 岡山県「平成 30 年 7 月豪雨」災害検証委員会 (https://www.pref.okayama.jp/page/574750.html)

[77]　外務省 JAPAN SDGs Action Platform (https://www.mofa.go.jp/mofaj/gaiko/oda/sdgs/)

[78]　外務省 気候変動 (https://www.mofa.go.jp/mofaj/gaiko/kankyo/kiko/index.html)

[79]　鍵屋一：『図解よくわかる自治体の地域防災・危機管理のしくみ』, 学陽書房 (2019).

[80]　閣議決定 環境基本計画 (2018)

[81]　鹿児島県 鹿児島県地球温暖化対策実行計画 (http://www.pref.kagoshima.jp/ad02/kurashi-kankyo/kankyo/ondanka/bijyon/ontaijikoukeikaku.html)

[82]　川崎重工業株式会社：新製品・新技術「下部エ一体型水門」, 完成迫る. Kawasaki News, 133 (2004 Winter), 18 (2004).

[83]　環境省 気候変動に関する国際連合枠組条約和訳 (https://www.env.go.jp/earth/cop3/kaigi/jouyaku.html)

[84]　環境省 気候変動に関する政府間パネル (IPCC) 第 5 次評価報告書 (AR5) サイクル
　　　(http://www.env.go.jp/earth/ipcc/5th/)

[85]　環境省 気候変動に関する政府間パネル (IPCC) 第 6 次評価報告書 (AR6) サイクル
　　　(http://www.env.go.jp/earth/ipcc/6th/)

[86]　環境省 気候変動への賢い適応 —地球温暖化影響・適応研究委員会報告書—
　　　(https://www.env.go.jp/press/files/jp/11627.pdf)

[87]　環境省 地球環境・国際環境協力 (http://www.env.go.jp/earth/)

[88]　環境省：地方公共団体における気候変動適応計画策定ガイドライン (初版) (2016).

[89]　環境省：民間企業の気候変動適応ガイド—気候リスクに備え, 勝ち残るために— (2019).

[90]　環境省 報道発表資料 地球温暖化影響・適応研究委員会報告書「気候変動への賢い適応」の発表について
　　　(http://www.env.go.jp/press/press.php?serial=9853)

[91]　環境省 気候変動の影響への適応計画について (https://www.env.go.jp/press/files/jp/28594.pdf)

[92]　環境省：気候変動適応法と地域における適応策の推進 (2018).

[93] 環境省：熱中症 環境保健マニュアル 2014 (2014).

[94] 環境省 報道発表資料 気候変動の影響への適応計画について (https://www.env.go.jp/press/101722.html)

[95] 環境省 報道発表資料 気候変動適応計画の閣議決定及び意見募集（パブリックコメント）の結果について (http://www.env.go.jp/press/106190.html)

[96] 気象庁 (https://www.jma.go.jp/jma/)

[97] 気象庁 地球温暖化情報ポータルサイト (https://www.data.jma.go.jp/cpdinfo/index_temp.html)

[98] 京都大学防災研究所 防災スイッチとは (http://mhri.dpri.kyoto-u.ac.jp/takenouchi/kawamo/index.html)

[99] 近畿運輸局 地域公共交通確保・維持・改善に向けた取組マニュアル (https://wwwtb.mlit.go.jp/kinki/kansai/program/manual.htm)

[100] 経済産業省 適応ビジネスの推進 (https://www.meti.go.jp/policy/energy_environment/global_warming/tekiou.html)

[101] 香西恒希：立法と調査, **399**, 49 (2018).

[102] 厚生労働省 災害時における福祉支援体制の整備等 (https://www.mhlw.go.jp/stf/seisakunitsuite/bunya/0000209718.html)

[103] 国際連合広報センター (https://www.unic.or.jp/)

[104] 国土交通省 水管理・国土保全 (https://www.mlit.go.jp/mizukokudo/index.html)

[105] 国土交通省：国土交通省気候変動適応計画 (2015).

[106] 国立環境研究所 COP24（気候変動枠組条約第 24 回締約国会議）では何が決まった? (http://www.nies.go.jp/social/topics_cop24.html)

[107] 国立環境研究所 地球環境研究センターニュース (http://www.cger.nies.go.jp/cgernews/)

[108] 国立環境研究所 地球環境研究センター ココが知りたい地球温暖化 IPCC 報告書とは? (https://www.cger.nies.go.jp/ja/library/qa/14/14-2/qa_14-2-j.html)

[109] 国立環境研究所 統合評価モデルの開発をめぐって 環境儀 No.02 (https://www.nies.go.jp/kanko/kankyogi/02/12-13.html)

[110] 小寺崇之：意思決定スピードと業績との関係についての一考察―中小製造業を対象とした調査をもとに―, 日本経営診断学会論集, **10**, 8 (2010).

[111] サステナビリティ日本フォーラム ライブラリ 気候関連財務情報開示タスクフォース (TCFD) 最終報告書 (https://www.sustainability-fj.org/reference/)

[112] 志村直毅：公共施設マネジメントにおける合意形成の意義―山梨県笛吹市の事例を中心として―, 研究年報社会科学研究, **36**, 85 (2016).

[113] 下諏訪観光協会 諏訪湖「御神渡り」出現ならず「明けの海」宣言 (https://shimosuwaonsen.jp/info/omiwatari/)

[114] 社会資本整備審議会：大規模広域豪雨を踏まえた水災害対策のあり方について～複合的な災害にも多層的に備える緊急対策～答申 (2018).

[115] 社会福祉法人 秦ダイヤライフ福祉会 防災への取り組み (https://hata-dialife.jp/bousai-torikumi)

[116] 消防庁 過去の全国における熱中症傷病者救急搬送に関わる報道発表一覧 (https://www.fdma.go.jp/disaster/heatstroke/post1.html)

[117] 全国地球温暖化防止活動推進センター (https://www.jccca.org/)

[118] 大子町観光協会 袋田の滝 氷瀑 凍結情報速報中 (https://www.daigo-kanko.jp/fukuroda-falls/hyobaku.html)

[119] 竹村和久：リスク社会における判断と意思決定, Cognitive Studies, **13**, 1, 17 (2006).

[120] 公益財団法人 地球環境戦略研究機関 (https://www.iges.or.jp/jp)

[121] 中央環境審議会：日本における気候変動による影響の評価に関する報告と今後の課題について（意見具申）, (2015).

[122] 中小企業庁 BCP（事業継続計画）とは
（https://www.chusho.meti.go.jp/bcp/contents/level_c/bcpgl_01_1.html）

[123] デクセリアルズ株式会社（https://www.dexerials.jp/）

[124] 東京海上日動 天候デリバティブ
（https://www.tokiomarine-nichido.co.jp/hojin/risk/weather/shohin.html）

[125] 東芝 東芝ルームエアコン家庭用取扱説明書
（http://www.toshiba-living.jp/manual.pdf?no=91253&fw=1&pid=18331）

[126] 徳島県 徳島県気候変動適応戦略について
（https://www.pref.tokushima.lg.jp/ippannokata/kurashi/shizen/2016110800025）

[127] 内閣府 防災情報のページ（http://www.bousai.go.jp/）

[128] 中野秀一, 青藤誠哉, 我科賢二：特集 省エネ性向上と運転時の室外温度範囲拡大を実現した国内店舗・オフィス用エアコン "ウルトラパワーエコシステム", 東芝レビュー, **70 (12)**, 16 (2015).

[129] 西村行功：『シナリオ・シンキング―不確実な未来への「構え」を創る思考法』, ダイヤモンド社 (2003).

[130] 農研機構 プレスリリース（研究成果）気候変動により、北海道の代表的産地で高級ワイン用ブドウ「ピノ・ノワール」が栽培可能に
（https://www.naro.affrc.go.jp/publicity_report/press/laboratory/harc/077931.html）

[131] 農林水産省 環境政策（https://www.maff.go.jp/j/kanbo/kankyo/seisaku/）

[132] 林浩之：災害時の心理学～正常性バイアス, 立法と調査, **415**, 2 (2019).

[133] 原澤英夫：適応策をめぐる国内外の動向（https://www.shinrinbunka.com/wp-content/uploads/2016/06/d0ee24f0b34a90b2fe7ef1581503f699.pdf）

[134] 兵庫県 兵庫県住宅再建共済制度
（愛称：フェニックス共済）（https://web.pref.hyogo.lg.jp/kk41/phoenixkyosai.html）

[135] 広島県庁 今直面する地球温暖化～広島では～
（https://www.pref.hiroshima.lg.jp/site/eco/f-f1-warming-ondankacyokumenn4.html）

[136] 広島大学 大学院総合科学研究科社会文明研究講座「科学史・科学論」ホームページ
（https://home.hiroshima-u.ac.jp/nkaoru/paradigm.html）

[137] 福島県農林水産部：平成３０年高温・少雨対策の記録, (2019).

[138] 藤村武宏：気候関連財務情報開示タスクフォース（TCFD）提言について. 月刊 資本市場, **3 (403)**, 4 (2019).

[139] 北海道 気候変動の影響への適応（http://www.pref.hokkaido.lg.jp/ks/tot/hokkaidonotorikumi.htm）

[140] 毎日新聞 2018 年 10 月 17 日　東京朝刊

[141] 桝潟俊子：有機農業運動の展開にみる〈持続可能な本来農業〉の探究, 環境社会学研究, **22**, 5 (2017).

[142] 造事務所 編著, 宮崎正勝 監修：『天気が変えた世界の歴史』, 祥伝社 (2015).

[143] 渡邊学ら：気候変動に対する脆弱性についての概念整理とそれにもとづく指標特定スキーム, 環境情報科学学術研究論文集, **32** (2018).

索　引

A～Z

A-PLAT　54
AP-PLAT　69
BCP　156
Climate-ADAPT　69
COP　174
EBA　43
GHG　2
IPCC　2
PDCA サイクル　57
RCP（Representative Concentration Pathways）
　　シナリオ　23
SDGs　169
TCFD　156
UKCIP　69
UNFCCC　5, 170

あ 行

意思決定　95, 99
インフラ　88
影響7分野　54
影響評価　17
温室効果ガス　1

か 行

科学優先型アプローチ　96
緩和　10
気候シナリオ　17
気候変動　1
気候変動影響　6
気候変動影響評価報告書　54
気候変動適応センター　58
気候変動適応法　53
強じん性　32, 83
グリーンインフラ　45

グレーインフラ　45
グローバル・ストックテイク　179
計画的適応　27
広域協議会　56
合意形成　113
公共サービス　88
構造的／物理的な適応策　40
国民　55
国立環境研究所　54
コ・ベネフィット　87
コミュニケーション　135
コミュニティ　51, 89

さ 行

サイエンスコミュニケーション　66
事業者　55
持続可能な開発　182
シナリオシンキング　23
自発的適応　27
社会経済シナリオ　17
社会的な適応策　40
主流化　105
ステークホルダー　50, 112
政策優先型アプローチ　96
脆弱性　14
脆弱性・曝露低減型適応　28
制度的な適応策　40
増分型適応　28

た 行

対応能力　30
地域気候変動適応計画　56
地域気候変動適応センター　56, 65
地域適応計画　105
地球温暖化　4

地方公共団体　16, 55, 105
ティッピングポイント　38
適応　10
適応計画　59
適応経路　91
適応事例　165
適応能力　30
適応の機会と制約　38
適応の限界　38
適応の必要性　33
適応の不足　35
適応報告書　176
トランスフォーメーション　185
トレードオフ　85

な　行

2030 アジェンダ　169
2℃目標　174, 175
排出シナリオ　17

曝露　14
ハザード　14
パラダイムシフト　189
パリ協定　172, 174, 175
反復的リスクアセスメント　98, 99
不確実性　92, 94
不適応　36
ブルーインフラ　45
変革型適応　28
変革能力　30

ま　行

メインストリーミング　105
モニタリング　132

ら　行

リスク　14
リスクアセスメント　76
レジリエンス　49

【著者紹介】

肱岡 靖明（ひじおか やすあき）
国立環境研究所気候変動適応センター／副センター長。
博士（工学）。東京大学大学院工学系研究科博士課程（都市工学専攻）修了。国立環境研究所社会環境システム研究領域・研究員、英国オックスフォード大学環境変化研究所・シニア客員研究員、国立環境研究所社会環境システム研究センター環境都市システム研究室・室長などを経て現職。東京大学大学院新領域創成科学研究科客員教授併任。専門は、環境システム工学、都市工学。
IPCC 第二作業部会第五次評価報告書第24章（アジア）の統括執筆責任者。IPCC 1.5℃特別報告書第3章代表執筆者。自然科学研究機構国立天文台理科年表編集委員会委員。ISO/TC207/SC7/WG12 コンビーナ。国際科学技術共同研究推進事業（SICORP）研究主幹。
アジア太平洋統合評価モデル（AIM）開発グループの一員として、気候変動影響とその適応についてモデルを用いた解析に取り組んでいる。

気候変動への「適応」を考える——不確実な未来への備え

令和3年1月30日　発　行

著作者　　肱　岡　靖　明

発行者　　池　田　和　博

発行所　　丸善出版株式会社

〒101-0051　東京都千代田区神田神保町二丁目17番
編集：電話(03)3512-3265／FAX(03)3512-3272
営業：電話(03)3512-3256／FAX(03)3512-3270
https://www.maruzen-publishing.co.jp

© Yasuaki Hijioka, 2021

組版・イラスト／斉藤綾一
印刷・製本／三美印刷株式会社

ISBN 978-4-621-30598-0　C 3040　　　　Printed in Japan